旱作节水农业技术模式汇编

HANZUO JIESHUI NONGYE
JISHU MOSHI HUIBIAN

全国农业技术推广服务中心 编著

中国农业出版社
北 京

编　委　会

前 言

　　我国水资源严重紧缺，总量仅为世界的 6％，人均不足世界平均水平的 1/4，每年农业用水 3 700 亿 m³ 左右，约占全国总用水量的 62％，缺口超过 300 亿 m³。水资源时空分布不均，南方水资源占总量的 81％，但耕地面积仅占 40％，旱地面积超过 0.67亿 hm²，约占总耕地面积的一半。近年来，我国北方地区旱灾频繁发生，华北地下水资源严重超采，南方季节性、区域性干旱日趋严重，干旱缺水已成为威胁粮食安全、制约农业可持续发展的主要限制因素。

　　旱作农业是指在缺乏灌溉条件的干旱缺水地区，主要依靠天然降水进行的农业生产。我国旱作区主要分布在沿昆仑山—秦岭—淮河一线以北，年降水 250～600mm 的北方干旱、半干旱地区及南方丘陵山区。旱作区耕地、光温资源较为充足，但由于自然降水偏少、灌溉条件缺乏，农田多为"望天收"，产量低而不稳，没有发挥出应有的生产潜力。国家高度重视旱作节水农业发展，出台了一系列扶持政策，加大资金投入，大规模实施旱作农业技术推广项目。农业农村部门把发展旱作节水农业作为实现"一控两减三基本"目标、促进农业绿色发展的一项重要战略任务来抓，结合当地实际，积极探索，加大技术集成和示范推广力度，初步形成了分区域、分作物的旱作节水农业技术体系，取得了明显成效。

为推进旱作节水农业技术集成和推广，我们在总结各地试验示范工作的基础上，编写了《旱作节水农业技术模式汇编》。由于时间仓促，不足和错漏之处敬请广大读者批评指正。

编　者

2020 年 4 月

<<< 目　　录

目　录

冬小麦微喷水肥一体化技术

一、概述

冬小麦微喷水肥一体化技术是将肥料溶解在水中，借助微喷带，灌溉与施肥同时进行，将水分、养分均匀持续地运送到根部附近的土壤，实现小麦按需灌水、施肥，适时适量地满足作物对水分和养分的需求，提高水肥利用效率，达到节本增效、提质增效、增产增效目的。

二、技术要点

（一）水源准备

水源可以为水井、河流、塘坝、渠道、蓄水窖池等，灌溉水水质应符合有关标准要求。

首部枢纽包括提水、加压、过滤、施肥和控制测量等设备。根据水源供水能力、耕地面积、灌溉需求等确定首部设备型号和配件组成；过滤设备采用离心加叠片或者离心加网式两级过滤；施肥设备宜采用注肥泵等控量精准的施肥器。水泵型号的选择应满足设计流量、扬程要求，如供水压力不足，需安装加压泵。

（二）喷灌带

根据土壤质地、种植情况采用 N35、N40、N50 和 N65 等型号的斜 5 孔微喷带，具体参数见表 1。产品质量应符合《农业灌溉设备 微喷带》（NY/T1361）标准要求。微喷带通过聚氯乙烯（PVC）四通阀门或聚乙烯（PE）鸭嘴开关与支管连接。微喷带工作的正常压力为 0.03～0.06MPa。

表 1　不同型号微喷带参数

型号	最大喷幅（cm）	工作压力（MPa）	最大铺设长度（m）
N35	100	0.03～0.04	50
N40	150	0.03～0.04	50
N50	200～250	0.04～0.06	70
N65	240～300	0.04～0.06	70

（三）田间布设

主管道埋入地下，埋深 70～120cm，每隔 50～90m 设置 1 个出水口。

田间铺设的地面支管道采用 PE 软管或涂塑软管，支管承压≥0.3MPa，间隔 80～120m。

以地边为起点向内 0.6m，铺设第一条微喷带，微喷带铺设长度不超过 70m，与作物种植行平行，间隔按照所选微喷带最大喷幅布置。具体根据土壤质地确定，沙土选择 1.2m，壤土和黏土选择 1.8m；微喷带的铺设宜采用播种铺带一体机。

微喷带铺设时应喷口向上，平整顺直，不打弯，铺设完微喷带后，将微喷带尾部封堵。灌溉水利用系数达到 0.9 以上，灌溉均匀系数达到 0.8 以上。

（四）水肥一体化技术模式

1. **灌溉施肥制度**　足墒播种后，春季肥水管理关键时期分别为返青期、拔节期、孕穗期、扬花期、灌浆期。冬小麦全生育期微喷灌溉 4～5 次。

冬小麦施肥：追肥可用水溶性肥料，大量元素水溶肥料应符合NY1107 农业行业标准的要求。施肥量参照《测土配方施肥技术规程》（NY/T2911）规定的方法确定，并用水肥一体化条件下的肥料利用率代替土壤施肥条件下的肥料利用率进行计算。氮肥总用量的 30％用作基肥，70％用作追肥，以酰胺态或铵态氮为主。磷肥全量底施或 50％采用水溶性磷肥进行追施。钾肥 50％底施，50％追施。后期宜喷施硫、锌、硼、锰等中微量元素肥料。小麦灌溉施肥总量和不同时期用量按表 2 执行。

灌溉施肥时，每次先用约 1/4 灌水量清水灌溉，然后打开施肥器的控制开关，使肥料进入灌溉系统，通过调节施肥装置的水肥混合比例或调节施肥器阀门大小，使肥液以一定比例与灌溉水混合后施入田间。每次加肥时须控制好肥液浓度。施肥开始后，用干净的杯子从离首部最近的喷水口接一定量的肥液，用便携式电导率仪测定 EC 值，确保肥液 EC＜5mS/cm。每次施肥结束后要继续用约 1/5 灌水量清水灌溉，冲洗管道，防止肥液沉淀堵塞灌水器，减少氮肥挥发损失。

表 2　冬小麦不同生育期微喷灌溉施肥推荐量

生育期	亩*灌水量（m³）	亩施肥量（kg）		
		N	P₂O₅	K₂O
造墒/基肥	0～30	4.8～6	5～8	4～6
越冬	0～20	—	—	—
拔节	15～20	2.4～3.6	—	—
孕穗	18～25	1.8～2.7	—	2～4
扬花	18～20	1.0～1.6	5～8	2～4
灌浆	15	0.8～1.1	—	—
总计	66～130	10.8～15	10～16	8～12

注：在缺锌地区通过底施或水肥一体化每亩追施一水硫酸锌 2kg。

2.**灌溉制度的调整**　由于年际间降水量变异，每年具体的灌溉制度应根据农田土壤墒情、降水和小麦生长状况进行适当调整。

土壤墒情监测按照《土壤墒情监测技术规范》（NY/T1782）规定执行。苗情监测方法：在冬前、返青、起身、拔节、穗期等小

＊　亩为非法定计量单位，1 亩＝1/15hm²。——编者注

麦的主要生长时期，每个监测样点连续调查 10 株，调查各生育期的小麦苗情。

三、应用效果

比传统灌溉可节水 30％以上，提高化肥利用率 30％以上，增产 30％，增收 20％，节省用工 35％以上。

四、适用范围

适用于华北、西北地区冬小麦微喷水肥一体化生产。

冬小麦测墒节灌技术

一、概述

华北地区水资源十分紧缺，麦田灌溉主要依靠超采地下水、大水漫灌、盲目灌溉，导致地下水位逐年下降。现实生产中浇水过多、施氮过量、水肥利用率低的问题突出。通过开展土壤墒情监测，了解土壤水分状况，建立墒情评价指标体系，结合作物长势长相和天气预测，制定灌溉方案，在确保高产稳产的前提下提高水分利用效率，实现节水高产目标。

二、技术要点

（一）测墒灌溉

1. 墒情监测

（1）固定自动监测点： 选择农田代表性强的监测点，应用固定式土壤墒情自动监测站或管式土壤墒情自动监测仪进行整点数据自动采集，包括土壤含水量（0～20cm、20～40cm、40～60cm、60～100cm）和土壤温度等参数。

（2）农田监测点： 应用土壤墒情速测仪或传统烘干法测定0～20cm、20～40cm土壤含水量，以GPS仪定位点为中心，长方形地块采用S形采样法，近似正方形田块则采用棋盘形采样法，向四周辐射确定多个数据采集点，每个监测点测重量含水量不少于3个点，测容积含水量不少于5个点，求平均值。每月10日、25日测定数据，关键生育期和干旱发生时加密监测。

2. 按照墒情监测结果，播前足墒播种 当土壤墒情达到表1

不足时进行灌溉。足墒播种的麦田不提倡冬灌。抢墒播种且土壤墒情达到干旱时应及时冬灌。冬灌要求：在日平均气温稳定下降到3℃左右时进行越冬水灌溉。北部区域为了防冻害，可适当进行冬灌。

表1　华北冬小麦土壤墒情指标

（单位：土壤相对含水量%）

墒情指标　　　　生育时期　　监测深度和墒情状况	播种—出苗	越冬	返青—起身	拔节	扬花	灌浆
监测深度（cm）	0～20	0～40	0～60	0～60	0～80	0～80
适宜	70～85	65～80	70～85	70～90	70～90	70～85
不足	65～70	60～70	65～70	65～70	65～75	60～70
干旱	55～65	50～60	55～65	55～65	60～65	55～60
重旱	＜55	＜50	＜55	＜55	＜60	＜55

返青—拔节期根据不同苗情和墒情进行分类管理，结合灌溉进行追肥。旺苗田墒情达到重旱时在拔节中期灌溉；墒情达到干旱时在拔节后期灌溉；土壤墒情在不足时不灌溉，但应及时趁雨追肥。一类苗墒情达到重旱时及时灌溉；达到干旱时在拔节中期灌溉；达到不足时可不灌溉，但应及时趁雨追肥。二类苗土壤墒情达到干旱时及时灌溉；达到不足时拔节初期灌溉；不缺水时可不灌溉，但应及时趁雨追肥。三类苗以促为主，返青至拔节期土壤墒情达到不足时及时灌溉。浇后及时锄划保墒，提高地温。不缺水时可不灌溉，但应及时趁雨追肥。

扬花期土壤墒情达到干旱时灌溉。灌浆期土壤墒情达到干旱时，进行小定额灌溉，每亩灌水量 $30～40m^3$。忌大水漫灌，防后期倒伏。

（二）选用耐旱品种

优先选用石麦 15、石麦 22、衡观 35、轮选 103、邢麦 7 号、邯麦 13、冀麦 418 等耐旱节水高产品种。此外，熟期早的品种可缩短后期生育时间，减少耗水量，减轻后期干热风危害程度。穗容量大的多穗型品种利于调整亩穗数及播期，灌浆强度大的品种籽粒发育快，结实时间短，粒重较稳定，适合应用节水高产栽培技术。

（三）浇足底墒水

播前补足底墒水，保证麦田 2m 土体的储水量达到田间最大持水量的 85％左右。底墒水的灌水量由播前 2m 土体水分亏额决定，一般在常年 8、9 月降水量 200mm 左右条件下，小麦播前浇底墒水 75mm，降水量大时，灌水量可少于 75mm，降水量少时，灌水量应多于 75mm，使底墒充足。

（四）适量施氮，集中施磷

亩产 500kg 左右，氮肥（N）用量 10～13kg，部分基施，拔节期少量追施，适宜基追比 6∶4。小麦播种时集中亩施磷酸二铵 20～25kg。高产田需补施硫酸钾 10～15kg。

（五）适当晚播

早播麦田冬前生长时间长，耗水量大，春季时需早补水，在同等用水条件下，限制了土壤水的利用。适当晚播，有利节水节肥。晚播以不晚抽穗为原则，按越冬苗龄 3～5 叶确定具体的适播日期。

（六）增加基本苗

严把播种质量关，本模式主要靠主茎成穗，在前述晚播适期范围内，以亩基本苗 30 万为起点，每推迟 1d 播种，基本苗增加 1.5 万苗，以基本苗 45 万苗为过晚播的最高苗限。为确保苗全、苗齐、苗匀和苗壮，要做到以下几点：一是精细整地。秸秆还田应仔细粉碎，在适耕期旋耕 2～3 遍，旋耕深度要达 13～15cm，耕后耙压，使耕层上虚下实，土面细平。耕耙作业，时间服从质量。二是精选种子。籽粒大小均匀，严格淘汰碎瘪粒。三是窄行匀播。行距

15cm，做到播深一致（3～5cm），落籽均匀。调好机械、调好播量，避免下籽堵塞、漏播、跳播。地头边是死角，受机压易造成播种质量差、缺苗，应先播地头，再播大田中间。

（七）播后镇压

旋耕地播后待表土现干时，务必镇压。选好镇压机具，强力均匀镇压。

三、应用效果

在华北中上等肥力土壤上实施该项技术，比传统高产栽培方式每亩减少灌溉水 50～100m³，水分利用率提高 15％～20％。

四、适用范围

适用于华北年降水量 500～700mm 的地区，适宜土壤类型为沙壤土，轻壤土及中壤土类型，不适用于过黏重土及沙土地。

冬小麦全程节水稳产压采技术

一、概述

冬小麦全程节水技术以土壤保水、镇压保墒和春灌一水为核心，综合集成抗旱品种、深耕深松、一喷三防等技术，提高自然降水和灌溉水利用效率，大幅度压减抽取地下水，实现稳产节水、提质增效，促进华北冬小麦生产向绿色、优质和可持续发展转型升级。

二、技术要点

（一）择优选种

在小麦品种选择上优先选用根系发达、灌浆强度大、抗旱性、抗逆性强的品种，如石麦 15、石麦 22、衡观 35、轮选 103、邢麦 7 号、邯麦 13、冀麦 418 等。利用品种间的抗旱节水潜力，每亩可实现节水 $20\sim30m^3$。

（二）深耕深松

根据土壤实际情况，每 $2\sim3$ 年深松或深耕 1 次，深度为 30cm 左右。深耕深松可以打破梨底层，改善土壤物理性质，增加土壤孔隙度，提升土壤保水保肥能力，促进根系对土壤养分的吸收，从而促进植株生长和根系下扎，提高小麦抗旱性，增产 $5\%\sim10\%$。

（三）秸秆还田

玉米秸秆直接粉碎还田，利用秸秆覆盖减少地表水分蒸发和地表径流，蓄积雨水，为冬小麦蓄足底墒创造条件。同时通过秸秆还田增加土壤有机质，提升耕地地力。

（四）精细整地

玉米收获后，精细整地，还田秸秆要打碎、撒匀，精细旋耕2～3次，做到土壤上虚下实，土面细平保墒。

（五）浇足底墒水

播前灌足底墒水，并通过耕作措施，减少土壤蒸发。冬小麦播种前每亩灌水量 50m³ 即可，切忌抢墒播种。如果夏玉米生长季节降水偏多，在玉米收获时土壤很湿，可以不浇底墒水。

（六）小麦缩行种植

小麦行距由常规的 18～20cm 缩小至 10cm 左右。缩行种植是以主茎成穗为主的小麦栽培技术，按照预期成穗数确定播种量，一般掌握基本苗 35 万～40 万株。

（七）施用保水剂

使用保水剂的方法有 3 种。一是拌种，将小麦种子放入一定的容器内或摊在塑料布上，将凝胶型保水剂倒在种子上，均匀搅拌，使保水剂均匀的黏在种子周围，混合均匀后，将种子在室内摊开晾干，避免阳光暴晒，用量每 500ml 保水剂拌种 10～15kg 小麦种子。二是沟施或穴施，可将颗粒型保水剂与肥料混合均匀，随播种机种肥一起播入，种完浇一次透水即可，亩用量 3～5kg。三是撒施，将颗粒型保水剂与适量细土混匀，均匀撒在地面，撒完后翻地浇水即可，亩用量 8kg 左右。

（八）适期晚播

小麦从播种到拔节约 180d，拔节期前作物覆盖度小，耗水多以地面蒸发为主，小麦适期晚播，播后垄内镇压，减少冬前麦田无效耗水。

（九）春季测墒灌溉

开展墒情监测，返青—拔节期根据不同苗情和墒情进行分类管理。旺苗田墒情达到重旱时在拔节中期灌溉；墒情达到干旱时在拔节后期灌溉。一类苗墒情达到重旱时及时灌溉；达到干旱时在拔节中期灌溉。二类苗土壤墒情达到干旱时及时灌溉；达到不足时拔节初期灌溉。三类苗以促为主，返青至拔节期土壤墒情达到不足时及时灌溉。浇后及时锄划保墒，提高地温。全生育期灌溉定额 40～80m^3左右。

（十）一喷三防

在小麦穗期使用杀虫剂、杀菌剂、植物生长调节剂、微肥等混合喷打，达到防病虫、防干热风、防早衰、增粒重，确保小麦增产增收。

三、应用效果

实现小麦稳产，亩产 400kg 以上，比传统灌溉可节水 50％以上，减少地下水超采，促进小麦雨养或半雨养种植。

四、适用范围

适用于华北平原冬小麦生产。

旱地小麦蓄水保墒技术

一、概述

西北旱地小麦生长季节与降水季节严重错位，干旱缺水导致小麦产量低而不稳。以纳雨蓄墒耕作、覆盖保墒种植为重点，充分利用自然降水，有效缓解干旱影响，实现丰产稳产。

二、技术要点

(一) 休闲期蓄墒耕作

"四早三多"技术：即早灭茬、早深耕、早细犁、早带耙、多浅犁、多细犁，多耙地。具体做法是：麦收后立即浅耕灭茬，伏前抢时深耕，伏季雨后多犁，立秋后少犁多耙，播前无雨只耙不犁。深松耕技术：麦收后深松机深松 30～35cm，打破犁底层但不翻土，播前旋耕，耕后细耙播种。深浅耕结合技术：可年内深浅耕结合，也可隔年深耕、深浅结合。积温不足地区和易水土流失的坡塬旱地，夏茬田在夏收后立即深耕灭茬、拦截径流、立土晒垡、熟化土壤，其后每遇降雨，地表落干后先浅耕、再耙糖，播前结合施基肥再深耕加耙糖整平。秋茬田随收随深耕，可将深耕、施基肥、旋耕、耙糖整平一次性作业完成，坡地要沿等高线耕作。伏秋连旱的地区或年份深耕易跑墒，可隔年深耕。为充分接纳休闲期降雨，蓄水保墒，并简化作业，山西省倡导在麦收后的 7 月上中旬头伏进行提前深耕（25～30cm）或深松（30～40cm）。提前深施有机肥、保水剂以及生物菌肥（即改土保水肥）；提前秸秆还田或覆盖。9 月下旬到 10 月上旬采用覆膜播种机械播种。

（二）种植期覆盖保墒

可分为地膜覆盖和秸秆带状覆盖两种类型。地膜覆盖可选用两种改进技术：其一是全膜穴播覆土技术，特点为平作、全覆盖、穴播、覆土。膜上覆土厚度 0.5～1cm，幅宽 120cm 种 7 行，亩穴数 3 万左右，视密度需求每穴 4～10 粒种子；其二是垄盖沟播膜际精播技术，特点是起垄覆膜、垄沟不覆膜种 2～3 行小麦。垄高 10cm，垄底宽 25～30cm，垄间种植沟宽 30cm，膜两边各压土 5cm 宽，每带总宽 55～60cm，行播量较当地无覆盖种植提高 30%～50%。秸秆带状覆盖又称"秸秆带状覆盖密植早播技术"，分覆盖带和种植带，覆盖带 40～50cm、种植带 50～70cm 不覆盖，两带相间排列，覆盖材料最好用玉米整秆，播种时预留覆盖带。单位面积播种量与常规无覆盖种植相同，行播量需根据覆盖度不同相应提高，局部密植。每带种植 3～5 行，平作播种。覆盖带既可平面覆秆，也可沟内覆秆，沟深 5cm，可采用拖拉机轮胎压沟。较露地早播 5～7d，越冬前覆盖秸秆，覆盖量以单层玉米整秆盖严覆盖带为原则，亩用玉米整秆 3 500～4 500 株，或亩用其他作物秸秆 700～1 000kg。也可在前茬玉米高茬收割后（留茬 5cm 左右），将玉米整秆就地镶嵌在玉米行间，形成覆盖带，预留种植带不覆秆，两带相间。种植带局部耕作后种植 4～5 行小麦。甘肃可采用双垄沟地膜玉米结构，将 40cm 宽的小垄做覆盖带，70cm 大垄种植 4～5 行小麦，播前揭去残膜。

（三）科学施肥

在小麦播种前或收获后取土测定土壤养分，结合目标产量养分需求，确定小麦氮、磷、钾肥用量。

1. 氮肥用量确定　在小麦播前或收获期采集麦田 0～100cm 土壤样品，测定硝态氮含量，按以下公式确定氮肥用量：

肥料氮用量＝目标产量需氮量＋（土壤硝态氮安全阈值－土壤硝态氮实测值）

氮肥料用量＝肥料氮用量÷肥料含氮量×100%

上式中，氮均指纯 N。土壤硝态氮安全阈值在小麦收获时为 $55kgN/hm^2$，在小麦播种前为 $110kgN/hm^2$。

2. 磷肥用量确定 在小麦播前或收获期，测定麦田 0～20cm 土壤有效磷量，按以下公式确定磷肥用量：

肥料磷用量＝目标产量需磷量×施磷系数

磷肥料用量＝肥料磷用量÷肥料含磷量×100%

上式中，磷均指 P_2O_5。施磷系数由表 1 确定。

表 1 黄土高原旱地麦田土壤供磷指标与施磷系数

评价指标	土壤有效磷（P）（mg/kg）	施磷系数
极低	＜5	2.0
偏低	5～10	1.5
适中	10～15	1.0
偏高	15～20	0.5
极高	＞20	0.3

3. 钾肥用量确定 在小麦播前或收获期，测定麦田 0～20cm 土壤速效钾含量，按以下公式确定钾肥用量：

肥料钾用量＝目标产量需钾量×施钾系数

钾肥料用量＝肥料钾用量÷肥料含钾量×100%

上式中，钾均指 K_2O。施钾系数由表 2 确定。

表 2 黄土高原旱地麦田土壤供钾指标与施钾系数

评价指标	土壤有效钾（K_2O）（mg/kg）	施钾系数
极低	＜50	1.0
偏低	50～90	0.5
适中	90～120	0.3
偏高	120～150	0.1
极高	＞150	0.0

三、应用效果

采取以耕作纳雨、覆盖保墒为核心的作物高效用水集成技术，较传统技术增产 15%～30%。采用监控施肥推荐的养分用量，可以节肥 15%以上，农户增收 20%以上。

四、适宜区域

适用于黄土高原旱地小麦种植。

小麦垄作沟灌节水技术

一、概述

垄作沟灌是将土地平面修整成立体结构为梯形的垄畦，输水沟为 V 形或 U 形，在垄畦上种植作物。作物生长期按照需水规律，将水浇灌在沟内，从而提高灌溉效率，实现节水增产。

二、技术要点

（一）播前准备

地块选择：选择有灌溉条件及地力基础较好的地块。耕层深厚、肥力较高、保水保肥能力强的地块为佳。

精细整地：耙平土壤，除去土坷垃及杂草后起垄，尽量做到耕耙、耱、施肥、起垄播种连续作业，以保证土壤墒情，减少土壤水分散失，避免影响播种质量。

起垄：垄沟以南北向起垄种植为佳，土地平坦的农田垄面50cm，垄底 60cm，垄高 15cm。地块有坡度的农田垄面以 30～50cm，垄底 40～60cm，垄高 15cm 为宜。人工、畜力、机械起垄相结合，若采用机械，可起垄、播种、施肥一次性完成。

施肥：麦类作物垄作栽培一般亩施农家肥 4 000～5 000kg、氮肥（N）12～15kg、磷肥（P_2O_5）8～10kg，施肥量视目标产量在上述范围内调整。施肥时，将肥料条撒于垄带内，播种时起垄翻埋于垄体中，啤酒大麦应适当减少氮肥用量。

种植规格：田块平坦灌水流畅的农田，垄面宽 50cm，种 4 行，行距为 12～15cm。田块不平灌水不畅的农田，垄面宽 40cm，种 3

行，行距为 12～15cm，或垄面宽 30cm，种 2 行，行距为 12～15cm，垄沟再种一行。

（二）田间管理

苗期管理：为保全苗、促壮苗，要足墒播种。出苗期若出现土壤板结应及时破除，麦类作物播种后要经常检查土壤墒情和出苗情况，若墒情太差，要补出苗水，以保证全苗和壮苗。

水分管理：麦类作物要适时灌好头水，特别是土壤墒情较差的地块，头水时间要相应提前，灌水次数适当增加。灌水要小水沟灌，杜绝大水淹没垄顶。

灌水方法、次数及灌水量：出苗后，及时整理灌水沟，加高垄体，以保证灌水顺畅。生育期灌水 4～5 次，时间应掌握在三叶期、拔节、孕穗灌浆和腊熟期，每亩每次 30～40m³。

施肥管理：麦类作物应适当追肥，肥料直接撒入沟内，然后再沿垄沟灌溉。

病虫害防治：播前药剂拌种，进行土壤处理。作物生长期加强病虫草害防治和田间管理。

后期管理：麦类作物生长后期气温高，大气干燥，干热风出现频繁，易造成植株青干。应采取灌水降温、喷施叶面肥等措施，以达到成熟正常，确保子粒饱满。蜡熟末期是收获适期，如遇不良气候收获期要提前。

三、应用效果

与传统种植和灌溉相比，全生育期亩可节水 100m³。

四、适用范围

适用于西北河灌区、井灌区、井河混灌区及沿黄灌区小麦种植。

冬小麦节水品种及稳产配套技术

一、概述

针对河北省水资源严重匮乏与小麦用水浪费并存的突出问题，选用抗旱节水品种，集成足墒播种、精量播种、播后镇压、科学施肥、测墒减次灌溉等配套技术，形成小麦节水稳产高效技术模式。

二、技术要点

1. **选用抗旱节水品种** 根据抗旱节水性鉴定评价与节水丰产性示范，选用适宜当地种植的节水性和丰产性兼顾的品种。如农大399、轮选103、婴泊700、石农086、石麦15、衡观35等。

2. **种子包衣或药剂拌种** 为预防土传、种传病害和地下害虫，可以使用杀虫剂、杀菌剂及生长调节物质包衣的种子。未包衣的种子，应采用药剂拌种。

3. **浇足底墒水，切忌抢墒** 通过浇足底墒水来增加土壤蓄水，可推迟春季灌水时间，实现节水栽培，同时利于一播全苗。如玉米生育后期无大的降雨过程，提倡玉米带棵洇地，补充 2m 土体土壤水分。切忌抢墒播种后，浇蒙头水。

4. **施足底肥** 适当增施底肥，有利于培育冬前壮苗，缓解麦田春季管理时水分和养分的矛盾，为推迟春季浇水时间创造条件。提倡增施有机肥，提升土壤肥力。

5. **精细整地** 按照规范化作业程序进行前茬玉米秸秆还田和整地，玉米收获后要趁秸秆含水量高时及时粉碎，用旋耕机旋耕 2~3 遍后整地播种。连续 3 年旋耕的地块，须深松 20cm 1 次。结合整地修整好灌溉沟渠，提倡采用地下管道输水和水肥一体化灌溉。

6. 适期晚播　在适宜播种期范围内，适当推迟播种，并配套适宜播量，既可以实现冬前壮苗，又有利于减少冬前水分蒸腾，增加每穗占有种子根数量，实现节水抗旱，增强抗寒能力。冀中南麦区适宜播种期为 10 月 4～14 日，冀中北和冀东麦区适宜播种期为9 月 24 日至 10 月 5 日。

7. 精准播量　在适宜播种期范围内，冀中南麦区应掌握亩基本苗 22.5 万左右，冀中北麦区应掌握亩基本苗 25 万左右，上下浮动 2 万。超出适宜播种期后，每晚播 1d，增加 0.5kg 播量，实现播期播量配套。

8. 等行密植　采用 15 cm 等行距播种，可有效利用土地资源和光热资源，减少水分消耗，改善群体结构。播种深度 4～5cm。

9. 播后适当镇压　播后镇压可以有效碾碎坷垃、踏实土壤、增强种子和土壤的接触度，提高出苗率，起到抗旱抗寒作用。小麦播种后 1～2d，0～3cm 表土发干变黄，0～20cm 表层土壤相对含水量轻壤土≤85%，中壤土、重壤土≤80% 时，利用专用镇压器进行镇压作业。中壤土一般每延米宜采用 120kg 的强度进行镇压。

10. 杂草秋治　冬前及早做好麦田杂草的化学防治。

11. 早春镇压划锄，提墒保墒　土壤裂缝和坷垃较多的麦田，在早春土壤化冻后及时镇压，镇压后进行划锄，以踏实土壤，弥合裂缝，减少水分蒸发，促进根系生长。

12. 测墒减次灌溉　足墒播种的，不再浇冻水。推迟春一水到拔节期，突出浇好拔节水，通过开展墒情监测，适墒浇灌孕穗灌浆水。丰水年份春季只浇拔节期一水，干旱年份浇拔节水和孕穗灌浆水两水。每亩每次灌水量 30～50m³。春季随第一水追施占总量50% 的氮肥。强筋小麦品种春季追肥分 2 次施用，其中 80% 的追肥随浇春季第一水追施，其余随浇春季第二水追施。

13. 防灾减灾　旺长麦田和株高偏高的品种，在起身期前后做好化控防倒。从抽穗到灌浆期，进行 1～2 次病虫害防治。后期提倡杀虫剂、杀菌剂、抗旱抗逆制剂的"一喷综防"，提高工效。

三、应用效果

与常规生产相比，亩节水 $50m^3$，亩均增效 70 元以上。

四、适用范围

适用于华北平原地下水超采区。

冬小麦限灌节水生产技术

一、概述

针对华北地下水超采区小麦生产灌溉用水过大、地下水超采严重的问题，采用雨养旱作、贮墒旱作或冬前一水、足墒播种春浇一水、足墒播种春浇两水等技术模式，控制灌溉用水次数和数量，实现小麦限灌节水绿色增效。

二、技术要点

(一) 足墒播种春灌两水模式

1. **浇好底墒水，足墒播种** 播前浇底墒水，使麦田 $0\sim40cm$ 土层的含水量达到田间持水量的 $75\%\sim85\%$。一般年份底墒水灌溉量每亩 $40\sim50m^3$。

2. **春季灌水时期及灌水量** 春灌两水，第一水灌溉时期为起身期—拔节期，第二水灌溉时期为抽穗期—开花期，每次灌水量每亩 $40\sim50m^3$。

(二) 足墒播种春灌一水模式

1. **足墒播种** 播前浇底墒水，使麦田 $0\sim40cm$ 土层的含水量达到田间持水量的 $75\%\sim85\%$。一般年份底墒水灌溉量每亩 $40\sim50m^3$。

2. **春季灌水时期及灌水量** 春灌一水，灌溉时期为起身期—拔节期，灌水量每亩 $50m^3$。

（三）适墒播种冬前灌一水模式

1. 适墒播种　不浇底墒水，在耕层土壤含水量达到田间持水量的 70％左右时播种。

2. 灌水时期及灌水量　冬前灌一水，灌水量每亩 50m³。

（四）贮墒旱作模式

1. 播前贮墒　根据夏秋降雨和土壤墒情确定底墒水灌溉量，使 2m 土体贮水量达田间持水量的 85％以上，一般年份需灌底墒水每亩 50m³。

2. 生育期旱作　播后至成熟期不再灌溉，采用旱作雨养模式，农田免做畦埂。

（五）生产管理措施

1. 品种选择　选用分蘖力强、成穗率高、根系发达、抗逆性强的通过审定、适宜本区域种植的品种。足墒播种春灌一水和春灌两水模式可选用石麦 22、农大 399、石农 086、邢麦 7 号、邯麦 15、沧麦 119、沧麦 028 等；适墒播种冬前一水模式和贮墒旱作可选择沧麦 6002、沧麦 6005、捷麦 19、石麦 22、衡 4399 等。

2. 秸秆还田　前茬秸秆粉碎还田，成碎丝状，长度小于 5cm，均匀散开铺撒于地表，翻耕还田。

3. 浇水　根据不同限灌节水模式要求进行浇水。

4. 施肥　以"控氮稳磷补钾锌，基追配合"为原则，亩施腐熟有机肥 1～2 m³、N 11～14kg、P_2O_5 7～9kg，K_2O 7～9kg、$ZnSO_4$ 1 kg。贮墒旱作模式和冬前灌一水模式，肥料全部基施；春灌一水和春灌两水模式，采用磷钾肥和 60％～70％氮肥基施，30％～40％氮肥于春季灌水时追施。

5. 整地　精细整地，旋耕 2 遍，旋耕深度 15cm 左右，保证作业质量。旋耕后适当耙压。

6. 播期与播量　适期播种，冬前叶龄 4.5～6 为宜，适宜播期为 10 月 5～10 日。播量与播期应协调，10 月 5 日播种每亩播量 12.5～15kg（贮墒旱作模式取上限），每晚播一天播量增加 0.5kg，最多不超过 22.5kg。

7. **播种质量**　严格调整好机械，行距 15cm，调好播量，提高播种质量，避免下籽堵塞、漏播、跳播，做到各排种口流量一致，播深一致（播深 3～5cm），下籽均匀。

8. **播后镇压**　播种后选择专用镇压器根据土壤墒情及时镇压。

9. **病虫草害防治**　预防为主、综合防治。按照病虫草害发展规律，科学使用化学防治技术。病害重点防控根腐病、纹枯病、茎基腐病、白粉病、锈病、赤霉病等；虫害重点防控蚜虫、红蜘蛛、吸浆虫、棉铃虫及地老虎、蛴螬、蝼蛄等；草害重点防控播娘蒿、藜、荠菜等阔叶类杂草和雀麦、燕麦、节节麦等禾本科杂草。冬前防治在小麦 3 叶～5 叶期、春季防治在小麦返青期至起身期进行，选择晴天无风且最低气温不低于 4℃时用药。在抽穗至灌浆前中期，将杀虫剂、杀菌剂与磷酸二氢钾（或其他水溶性肥料）等混配一次性施药，实施"一喷多防"。

10. **收获**　腊熟末至完熟初期及时收获。

三、应用效果

足墒播种春灌两水模式亩产 500～550kg，足墒播种春灌一水模式亩产 400～500kg，适墒播种冬灌一水模式亩产 380～450kg，贮墒旱作模式亩产 380～450kg。与常规技术相比，亩均节水 40～50m^3，亩均节省氮肥（尿素）4kg，亩均增产 15kg 以上。

四、适用范围

适用于华北平原深层地下水严重超采区。

盐碱地小麦抗旱高产技术

一、概述

华北滨海地区地下水资源匮乏，土质盐碱，小麦创高产难度很大。针对盐碱地旱、涝、盐碱、薄、板 5 个特点，采用改碱压盐、保苗播种和强化管理等综合配套技术，形成盐碱地小麦抗旱高产技术。

二、技术要点

盐碱地小麦的生育特点：一是盐碱地小麦越冬早，返青晚，前期生长慢，后期生长快，籽粒灌浆期缩短，全生育期有所延长。二是幼苗长势弱，盐碱地小麦初生根少，次生根发育晚，根量少，分蘖晚。地上部生长缓慢，植株矮小，叶片短窄。三是亩穗穗不足，盐碱地小麦分蘖低于一般麦田，分蘖开始晚；进程慢，数量少，发育差，缺位多，一般亩穗数都在 30 万以下，在产量构成的三因素中，盐碱地小麦穗数不足是影响产量的主要因素。四是幼穗发育差，小花退化率高，穗粒数少，盐碱地小麦幼穗发育比一般麦田开始晚（晚 3～5d）、结束早（早 1～2d），分化期短 6～7d，因此小花退化率高，穗粒数少。五是灌浆期短，粒重下降。盐碱地小麦在籽粒灌浆的中后期由于受干旱、盐碱胁迫，绿叶面积急剧下降，植株早衰，灌浆期一般缩短 5d 左右，因此粒重下降。主要措施如下：

（一）改碱压盐

1. 围埝平整土地　雨季土地围埝后可以充分利用天然降雨洗

盐、压盐，是一种效果好、速度快、投资少的方法。平整土地有利于提高脱盐率。土地不平是形成盐碱化的主要原因，在不平的地面上，高处比平整处的蒸发量大 6 倍，其积盐也多。据研究，平整土地后灌水的耕层中脱盐率高达 70％，而不平地灌水的脱盐率只有 31％。

2.**排灌配套，灌溉压碱**　灌溉是洗盐、压盐、肥地的重要措施，但灌溉要挖好排水沟，做到有灌有排，防止大水漫灌造成土壤次生盐碱化。

3.**放淤压碱**　把含泥沙较多的河水通过水渠引入到田间，并用减缓水流的办法使泥沙沉降下来，淤地改碱。

4.**种植绿肥，培肥地力**　盐碱地土壤肥力较差，种植绿肥是改造旱薄碱地、培肥地力、增加产量的有效途径。

5.**增施有机肥，重施氮磷化肥**　有机肥料肥效长，有机质丰富，能有效改良土壤结构，增强土壤保水保肥能力，减少水分蒸发，抑制盐分上升，提高地温。施肥最好结合中耕，以破除土壤板结，改良土壤通气性，改善耕层水、肥、气、热状况。

（二）保苗播种

1.**选用耐盐品种**　不同品种耐盐力差异很大，耐盐碱能力强的品种在盐碱地种植较不耐盐碱品种明显增产。

2.**适时早播，增育壮苗**　因盐碱地较"凉"，小麦出苗及生长慢，因此盐碱地小麦应适期早播，以充分利用光、热资源，增加冬前有效积温，达到苗齐、苗壮。

3.**扩大行距，冲沟播种**　冲沟播种可将盐翻到沟背，利用盐往高处爬的特点，使盐分集中在垄背，沟底形成含盐量相对低的土层，然后浅播、浅盖，起到躲盐、防旱、借墒、集中施肥等综合作用。

4.**采用地膜覆盖栽培**　盐碱地小麦实行地膜覆盖，可降低耕层盐分浓度，提高保苗率 19.3％～29.5％。

（三）科学施肥

盐碱地增施有机肥，可以改良土壤结构。有机肥养分全面，肥效持久，增强保肥、保水性能，可抑制盐碱上升，提高地温，一般每亩施有机肥 3 000～4 000kg。盐碱地种植绿肥作物，如苜蓿、紫穗槐等，可以改良盐碱，培肥地力。盐碱地普遍缺氮，严重缺磷，施用氮、磷肥，可以促进麦苗早发，增根促蘖，增强抗盐碱能力。盐碱地宜采用酸性和中性肥料。磷肥应与有机肥配合一起施用于底肥，如单独施用应集中沟施、浅施；氮肥 60％作底肥，40％作追肥。

（四）强化管理

根据"盐随水去、盐随水来"的水盐运动规律，采取综合农艺措施，保全苗、促壮苗，提高小麦耐盐能力。其主要技术措施：

1. **防死苗、保全苗**　小麦播种后出苗不全或出苗后生长弱是盐碱地小麦的主要特点，在有灌水条件的地区，可适浇蒙头水或分蘖水，宜小水细灌，浇后及时松土破板。在冬前和返青两次返盐高峰前采取大水压碱保全苗，按照冬水易早灌，返青水适时灌，小雨勾碱必灌，地下水含盐量大于 2g/L 不灌的原则。中耕对盐碱地保苗有十分重要的作用，农谚有"种盐无别巧，勤锄是一宝"之说，做到勤中耕、细中耕。

2. **促壮苗**　盐碱地小麦早施肥，早浇水，促蘖增根，提高成穗率。追肥可在冬前或早春一次施入，且冬前追肥比早春追肥的效果要好，缺磷地块应提早追施磷肥。中后期早浇拔节水，适时浇好灌浆水，促粒增穗重，提高产量。

三、应用效果

与常规小麦种植相比，平均亩增产 10％以上。

四、适用范围

适用于华北滨海地下水超采区的盐碱地。

旱作玉米全膜覆盖技术

一、概述

玉米全膜覆盖是旱作农业的关键技术之一，其原理是在田间起大小双垄，用地膜对地表进行全覆盖，在垄沟中种植，集成膜面集水、垄沟汇集、抑制蒸发、增温保墒、抑制杂草等功能，充分利用自然降水，有效缓解干旱影响，实现高产稳产。

二、技术要点

（一）播前准备

选择地势平坦、土层深厚、土壤理化性状良好、保水保肥能力较强的地块。前茬作物收获后，采取深松耕、耕后耙耱等措施整地蓄墒，做到土面平整、土壤细绵、无坷垃、无根茬，为覆膜、播种创造良好条件。

增施有机肥料，根据作物品种、目标产量、土壤养分等确定化肥用量和比例，科学施用保水剂、生根剂、抗旱抗逆制剂以及锌肥等中微量元素肥料。因覆膜后难追肥，推荐施用长效、缓释肥料以及相关专用肥。底肥可在整地起垄时施用。

根据降水、积温、土壤肥力、农田基础设施等情况选择适宜品种。在西北地区海拔 1 800m 以下地区宜选用中晚熟品种，海拔1 800～2 000m 地区宜选用中熟品种，海拔 2 000～2 300m 地区宜选用中早熟品种。

（二）起垄

大垄垄宽约 70cm，垄高约 10cm；小垄垄宽约 40cm，垄高约
15cm；大小垄相间，中间为播种沟，每个播种沟对应一大一小两
个集雨垄面，见图 1。按照起垄规格划行起垄，做到垄面宽窄均
匀，垄脊高低一致，无凹陷。缓坡地沿等高线开沟起垄，有条件的
地区推荐采取机械起垄覆膜作业。

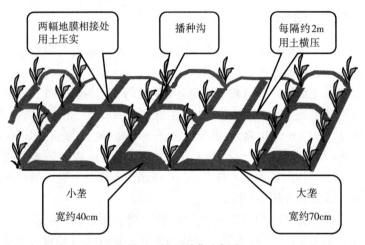

图 1　起垄覆膜示意图

病虫草害严重的地块，在整地起垄时进行土壤处理，喷洒农药
后及时覆盖地膜。

（三）覆膜

地膜应符合《聚乙烯吹塑农用地面覆盖薄膜》（GB13735）要
求，优先选用厚度 0.01mm 以上的地膜。杂草较多的地块可采用
黑色地膜，积极探索应用强度与效果满足要求的全生物降解地膜、
彩色地膜和功能地膜。

根据降水和土壤墒情选择秋季覆膜或春季顶凌覆膜。在秋季覆
膜可有效阻止秋、冬、春三季水分蒸发，最大限度保蓄土壤水分。

在春季土壤昼消夜冻、白天消冻约 15cm 时顶凌覆膜，可有效阻止春季水分蒸发。

全地面覆盖，相邻两幅地膜在大垄垄脊相接，用土压实。地膜应拉展铺平，与垄面、垄沟贴紧，每隔约 2m 用土横压，防大风揭膜。覆膜后在播种沟内每隔 50cm 左右打直径约 3mm 的渗水孔，便于降水入渗。加强管理，防止牲畜入地践踏等造成破损。经常检查，发现破损时及时用土盖严或进行修补。可用秸秆覆盖护膜。

（四）播种

通常在耕层 5～10cm 地温稳定通过 10℃时播种，可根据当地气候条件和作物品种等因素调整。

根据土壤肥力、降水条件和品种特性等确定种植密度。在西北地区年降水量 250～350mm 的地区每亩以 3 000～3 500 株为宜，株距 35～40cm；年降水量 350～450mm 的地区每亩以 3 500～4 000 株为宜，株距 30～35cm；年降水量 450mm 以上的地区每亩以 4 000～4 500 株为宜，株距 27～30cm。土壤肥力高、墒情好的地块可适当加大种植密度。

按照种植密度和株距将种子破膜穴播在播种沟内，播深 3～5cm，播后用土封严播种孔。当耕层墒情不足（土壤相对含水量低于 60％）时补墒播种。

（五）田间管理

出苗后及时放出压在地膜下的幼苗，避免高温灼伤；及时查苗，缺苗时进行催芽补种或移栽补苗；4～5 叶期定苗，除去病、弱、杂苗，每穴留 1 株壮苗。

当玉米进入大喇叭口期可进行追肥。在两株中间用施肥枪等工具打孔施肥，也可将肥料溶解在水中，制成肥液注射施肥，或喷施叶面肥、水溶肥、抗旱抗逆制剂以及锌等中微量元素肥料。土壤肥力高的地块一般不追肥，以防贪青。发现植株发黄等缺肥症状时，可采用叶面喷施等方式及时追肥。出现第三穗时尽早掰除，减少养分消耗。

根据病虫害发生情况，做好黏虫、玉米螟、红蜘蛛、锈病等病虫害防治，鼓励应用生物防治技术。

（六）适时收获

当玉米苞叶变黄、籽粒变硬、有光泽时收获。注意晾晒储存，防止受潮霉变。

（七）残膜处理

玉米收获后，采用人工或机械回收地膜。适宜地区实行一膜两年用。

三、应用效果

与不覆膜玉米相比，全膜覆盖玉米平均亩增产 150kg，增幅 30%以上。

四、适用范围

适用于西北半干旱区玉米种植。

东北地区玉米抗旱坐水种技术

一、概述

玉米抗旱坐水种技术是半干旱地区为应对春季"十年九旱"、影响玉米播种的一项抗旱保苗措施，是一种局部有限灌溉技术。即在玉米播种的同时将适量水灌入种沟或种坑内，创造适合种子发芽出苗的土壤水分小环境，达到抗旱保苗的作用。

二、技术要点

（一）机具选择

机械载水方式主要有拖拉机背负水箱载水和牵引拖车载水 2 种。由于受拖拉机功率和载水箱体积所限，载水量不能太大，一般中、小功率拖拉机安全载水量在 800kg 以下，单沟坐水长度不超过 500m。

（二）坐水量

抗旱坐水种的坐水量需根据播种前土壤墒情而定，坐水量太少达不到保苗效果，太多不仅增加成本、降低工作效率，还会引起种子飘移，降低种子在播种沟内分布的均匀度。坐水量应以种子出苗后能够保证幼苗正常生长 25～35d 为宜。在东北褐土地区当 0～20cm 土层重量含水量为 6%～8% 时，玉米坐水量为 60～90 m^3/hm^2；土壤含水量为 8%～10% 时，玉米坐水量为 45～65 m^3/hm^2；土壤含水量为 10%～12% 时，玉米坐水量为 30～50m^3/hm^2。

（三）机械作业要求

坐水种机具行进速度一般为 1.0～3.0km/h，用施水开沟器在垄上开沟、施水。开沟深度一般为 6～10cm，宽度为 10～15cm，施入适宜水量。机械播种采用精（少）量播种，包括半株距精量播种、全株距精量播种、半精量穴播等，每穴播 1～3 粒种子。做到不重播、不漏播，种子漂移率≤5.0%。播后覆土 2.5～3.5cm，深度偏差 0.5cm。播种后镇压以土壤不形成硬盖或板结影响出苗为宜，要求镇压器中心线与种床中心线重合，其偏差不得大于 4cm。

三、应用效果

在干旱发生的情况下，出苗率提高 50%以上。

四、适用范围

适用于东北西部、内蒙古东部地区玉米种植。

玉米秸秆覆盖技术

一、概述

利用秋收后废弃不用的玉米秸秆，通过人工或机械操作，把秸秆按不同形式覆盖在地表，综合采用少耕、免耕、选用良种、平衡施肥、防治病虫害、模式化栽培等多项配套技术，达到蓄水保墒、改土培肥、减少水土流失、增产增收的目的。玉米秸秆覆盖技术包括半耕整秆半覆盖、全耕整秆半覆盖、免耕整秆半覆盖、秸秆地膜二元单覆盖、秸秆地膜二元双覆盖等形式，被覆盖的作物有玉米、马铃薯、果树、油葵、豆类、蔬菜等。

二、技术要点

（一）覆盖技术

1. 覆盖方式

（1）半耕整秆半覆盖。秋收后硬茬隔行覆盖整玉米秸秆，第二年春天在未覆盖行耕翻、施肥、播种。

（2）全耕整秆半覆盖。收后将玉米秸秆移出田块，进行秋耕并隔行覆盖整玉米秸秆，第二年春天在未覆盖行浅耕、施肥、播种。

（3）免耕整秆半覆盖。秋收后硬茬隔行覆盖整玉米秸秆，第二年春天不耕翻不去茬，在未覆盖行开沟施肥、播种。

（4）秸秆、地膜二元单覆盖。秋收后硬茬隔行覆盖整玉米秸秆，第二年春天在未覆盖行内开沟、施肥、盖膜、打孔、播种。

（5）秸秆、地膜二元双覆盖。秋收后开沟铺秆，第二年春天施肥、起垄、盖膜、打孔、播种。

2. 覆盖量

玉米秸秆覆盖以每亩 500～1 000kg 秸秆为宜。

3. 覆盖操作程序

(1) 半耕整秆半覆盖。玉米成熟后立秆收获玉米穗，边割秆一边硬茬顺行覆盖，盖 67cm，空 67cm（或盖 60cm，空 73cm），下一排根压住上一排稍，在秸秆交接处压少量土，以免大风刮走。也可用秸秆覆盖机按上述要求操作。第二年春天，在未覆盖秸秆的空行内耕翻、施肥。用单行或双行半精量播种机在未盖行内紧靠秸秆两边种两行玉米。玉米生长期间在未盖行内中耕、追肥、培土。秋收后，在第一年未盖秸秆的空行内覆盖秸秆。

(2) 全耕整秆半覆盖。玉米成熟后收获玉米穗，并将玉米秆搂到地边。机耕或畜耕并耙平，顺行覆盖整玉米秆（覆盖方法同"半耕整秆半覆盖"）。第二年春天，在未盖的空行内施肥、播种。播后田间管理与半耕整秆半覆盖相同，秋收秋耕后，倒行覆盖玉米整秆。

(3) 免耕整秆半覆盖。玉米成熟收穗后，不翻耕、不去茬，硬茬顺行覆盖整玉米时在未盖的空行内先开施肥沟，沟深 10cm 秆形成半覆盖（覆盖方法同"半耕整秆半覆盖"）。第二年春播以上，施入农肥、化肥，第二犁开播种沟下种并覆土。玉米生长期间在空行内追肥培土。秋收后，在第一年未盖秸秆的空行内覆盖秸秆。

(4) 秸秆、地膜二元单覆盖。以 133cm 为一带，宽行 83cm、窄行 50cm。秋收后，在窄行上按半耕半覆盖方法形成整秆半覆盖。第二年春天在空行内开沟、施肥、起 20cm 左右高的垄。播种前 3～5d 在垄背上覆盖 40～60cm 宽的地膜，在膜侧种植两行玉米。玉米生长期田间管理同地膜覆盖田。秋收后除去残留地膜，倒行覆盖秸秆。

(5) 秸秆、地膜二元双覆盖。以 133cm 为一带，宽行 83cm，窄行 50cm。秋收后，在宽行中心用犁来回开一条宽、深均为 20～25cm 的沟，把玉米秸秆按每把 10 病株 15 根顺沟放入，覆土过冬。第二年春天，在覆盖行上施肥、起垄，垄上覆盖 80cm 的地膜。在地膜两边打孔种两行玉米，玉米生长期间管理同地膜覆盖田。秋收后按本方法倒行覆盖。

（二）配套技术

1. 选用适宜品种 玉米秸秆覆盖田改善了生态条件，所以应选用适宜本地气候的高产、抗病、抗倒伏品种。

2. 防治病虫害 应采取种子包衣或药剂拌种。发现丝黑穗病和黑粉病植株要及时清除，最好病株深埋。

3. 平衡施肥 适当增施 15%～20% 的氮肥，以调整碳氮比，促进秸秆腐解。亩产 600～800kg 玉米，应施纯 N15～22kg、P_2O_5 7～10kg，秸秆、地膜二元覆盖套种经济作物的高产高效田还需适当增施磷、钾肥和锌肥。

4. 合理密植 在当地常规栽培密度的基础上，每亩增 300～500 株。

5. 化学除草 用除草剂在播后或出苗前进行化学除草。生长期间，定向喷洒除草剂除草。

6. 中耕培土 冷凉地区玉米整秆覆盖田苗期地温低、生长缓慢，第一次中耕要早、要深，在 4～5 叶期进行，深度达 10～17cm，以利提高地温。结合最后一次中耕进行培土，预防倒伏。

7. 配备专用机具 玉米整秆覆盖可选用半覆盖机覆盖或用大型农机具直接压倒覆盖，用小型旋耕机耕翻，用单、双行精量播种机播种。免耕覆盖也可用免耕播种机，一次完成扒秸、破茬、松土、播种、施肥、镇压等作业，提高劳动效率。

三、应用效果

能蓄水保墒，培肥改土，控制水土流失，减少玉米秸秆焚烧，保护生态环境。

四、适用范围

适用于华北、西北玉米种植区域。

玉米滴灌水肥一体化技术

一、概述

玉米滴灌水肥一体化技术是将肥料溶解在水中，借助滴灌管道灌溉系统，灌溉与施肥同时进行，将水分、养分均匀持续地运送到根部附近的土壤，适时适量地满足作物对水分和养分的需求，实现了玉米按需灌水、施肥，提高水肥利用率，达到节本增效、提质增效、增产增效目的。

二、技术要点

（一）水源准备

水源可以采用水井、河流、塘坝、渠道、蓄水窖池等，灌溉水水质应符合国家标准 GB5084 要求。

首部枢纽包括提水、加压、过滤、施肥和控制测量等设备。根据水源供水能力、耕地面积、灌溉需求等确定首部设备型号和配件组成；过滤设备采用离心加叠片或者离心加网式两级过滤；施肥设备宜采用注肥泵等控量精准的施肥器。水泵型号的选择应满足设计流量、扬程要求，如供水压力不足，需安装加压泵。

根据水源供水能力和首部控制面积，确定主管道的直径和承压能力；干管（地下管道）埋设应符合《管道输水灌溉工程技术规范》（GB/T20203）规定。支管和辅管布设要充分考虑玉米种植方向、种植密度、轮作倒茬、农机作业等，在保证灌溉均匀度的前提下，尽可能少布设管道，方便耕作管理。相邻两级管道应互相垂直，以使管道长度最短而控制面积最大。连接滴灌管（带）的一级管道要与玉米种植行垂直布设。

（二）灌溉方式选择和滴灌管（带）铺设

西北等地积温不足、蒸发量大的区域，宜采用膜下滴灌水肥一体化技术。内蒙古东部、辽宁西部等地，宜采用浅埋滴灌水肥一体化技术。滴灌工程设计、安装调试、运行维护等应符合《节水灌溉工程技术标准》（GB/T50363）和《微灌工程技术规范》（GB/T50485）要求。

根据地形、土壤质地、种植密度等选择滴灌管（带），滴头间距15～30cm，砂质土壤、高密度种植地块滴头间距要适当缩小，黏质土壤、种植密度小的地块可适当加大；滴头出水量2～3L/h；滴灌管（带）铺设长度与水压成正比，长度一般为60～70m。

1. 玉米膜下滴灌铺设滴灌管（带） 选用覆膜播种一体机，一次性完成播种、施肥、铺带、覆膜。作业前，调整好机具，装好滴灌管（带）、地膜等；作业时，先从滴灌管（带）卷上抽出滴灌管（带）一端，固定在地头垄正中间，然后从地膜卷上抽出地膜端头固定在地头，两侧用土封好，然后开始作业，每隔一定距离（3～4m）压一条土带，以免大风掀膜；到地头作业结束时将滴灌管带截断、扎死，与地膜一起用土固定压实。

2. 玉米浅埋滴灌铺设滴灌管（带） 选用浅埋滴灌播种机一次性完成播种、施肥、铺带。也可利用大小垄播种机或者膜下滴灌播种机进行改装，在小垄中间开沟，将滴灌管（带）铺入沟中。滴灌管（带）埋深因土质而异，砂土宜深，黏土宜浅。

（三）水肥一体化管理

1. 灌溉制度 根据玉米各生育阶段需水规律、常年平均降水情况和土壤墒情确定灌水次数、灌水时期和灌水定额，制定灌溉制度，并根据实际降水情况、玉米生长状况及时进行调整。降雨量大，墒情好时，可相应减少灌溉次数或灌水量。

膜下滴灌玉米全生育期灌溉5～6次，灌溉定额每亩为100～

120m³；浅埋滴灌单次每亩灌溉量较膜下滴灌高 4～5m³，全生育期滴灌 7～8 次，灌溉定额每亩为 150～180m³。

2. **施肥制度**　坚持"有机无机结合，氮、磷、钾及中微量元素配合"的原则，综合考虑作物养分需求、土壤养分水平和目标产量制定施肥方案，并根据玉米生长状况、植株养分状况等适时调整。

基肥结合翻耕施入；种肥在玉米播种时施入，可全部磷肥、70％钾肥、30％氮肥结合播种（种肥隔离）一次性施入，种肥宜使用复合肥料。将剩余 70％氮肥、30％钾肥作为追肥，在玉米生长中后期分 3～4 次结合滴灌施入，缺锌地块每亩施用硫酸锌 2kg。

不同玉米种植区域可根据目标产量、土壤养分和水肥一体化条件下的肥料利用率来计算。每生产 100kg 玉米籽粒，需要吸收氮（N）1.48～2.15kg，平均 1.89kg；五氧化二磷（P_2O_5）0.52～1.21kg，平均 0.73kg；氧化钾（K_2O）1.82～2.21kg，平均 2.02kg。

在玉米拔节期、大喇叭口期、抽穗开花期分别结合滴灌进行水肥一体化追肥。追肥时要准确掌握肥料用量，首先计算出每个轮灌区的施肥量，然后开始追施；加入肥料前要求先滴 25％清水，再加入肥料；先将肥料加入溶肥罐（桶），固体肥料加入量不能超过施肥罐容积的 1/2，然后注满水，并用搅拌机进行搅动，使肥料完全溶解；溶解好的肥液不应超过施肥罐容积的 2/3，然后注满水；打开水管连接阀，调整首部出水口闸阀开度，开始追肥，每罐肥宜在 20～30min 追完；全部追肥完成后再滴 20％清水，清洗管道，防止堵塞滴头。

每次施肥时须控制好肥液浓度。施肥开始后，用干净的杯子从离首部最近的滴头接一定量的肥液，用便携式电导率仪测定 EC值，确保肥液 EC＜5mS/cm。

三、应用效果

比传统灌溉可节水 30％以上，提高化肥利用率 30％以上，增产 30％，收入增加 20％，节省用工 35％以上。

四、适用范围

适用于东北、西北地区春玉米滴灌水肥一体化技术生产。

玉米井黄双灌水肥一体化技术

一、概述

针对河套灌区大水漫灌水资源利用效率低，作物生育期间来水不及时，肥料利用率低等问题，采取黄河水漫灌和井水滴灌的措施，配套水肥一体化，集成井黄双灌灌溉技术，形成"一调、三改"的技术路径，减少水资源用量。"一调"是调优灌溉制度结构；"三改"，一是改大水漫灌为井黄双灌结合，二是改变灌溉时期，三是改撒施追肥为水肥一体化施用。

二、技术要点

(一) 核心技术

1. **黄河水二次澄清井黄双灌** 玉米全生育期一般用黄河水灌溉 3 次，滴灌 2~3 次，黄河灌溉定额为 $60m^3$ 左右，滴灌灌溉时间为拔节期到抽穗期，每次灌溉量为 $10~20m^3$，滴灌结合施肥进行。具体时间和滴灌量根据土壤墒情、天气和玉米生长状况及特性适当调整，降雨量大，土壤墒情好，可适当调整滴灌时间或少滴水。在黄河水源处设置二级过滤设备，第一级主要是过滤大颗粒物质和污染物，一般设置 2 个沉淀罐；二级过滤为滴灌首部过滤，一般为离心过滤器加叠片过滤。

2. **膜下滴灌种植** 采用半膜覆盖种植模式，主要优势在于：一是可增加玉米群体通风透光性，从而合理增加种植密度；二是减少水分散失，能够充分利用水资源，节约用水。一般选用地膜和滴灌带同时铺设的精量播种膜带一体机，将滴灌带铺设于地膜播种带中间。施肥、覆膜、播种、覆土、镇压等作业一次性完成。根据品种特性、土壤肥力状况和积温条件确定种植密度。一般中上等肥力地块每亩播种 5 000~6 000 株；中低产田每亩播种 4 500~5 000 株。

3. 水肥高效管理 玉米追肥以氮肥为主配施微肥，氮肥遵循前控、中促、后补的原则，整个生育期追肥 3 次，分别在拔节期、抽雄前和灌浆期施入。追肥结合滴水进行，先将肥料在施肥灌中充分溶解，施肥前先滴清水 30min 以上，待滴灌带得到充分清洗，检查田间给水一切正常后开始施肥。施肥结束后，再连续滴灌 30min 以上，将管道中残留的肥液冲净并稀释根部肥料浓度。

（二）配套集成技术

1. 滴灌设备安装 新建滴灌水肥一体化系统工程应在秋季建设，封冻前完成，或者在春季土壤开化后播种之前完成。田间管带铺设应事先科学设计管网系统，管带铺设采用迷宫式或内镶贴片式。播种结束后立即铺设地上给水主管道，在主管道上连接支管道，支管垂直于垄向铺设，间隔 100~120m 垄长铺设一道支管，以保证管道压力充足，给水畅通。田间毛管铺设采用机械化与播种施肥镇压同步完成。选用覆膜滴灌播种机一次性完成播种、施肥、覆膜、铺带。将所有滴灌带与支管道连接好。打通旁通：首先对准支管与滴灌带交叉位置，用打孔器在支管（支管分为硬管和软带）上打孔，如果是软带打孔时注意不要将软带的另一侧带壁打穿，然后把滴灌带旁通插入支管道锁扣拧紧，旁通另外一侧插入滴灌带，再将锁姆拧紧。

2. 机械整地 选择适宜玉米种植的具有灌溉条件，适合机械化操作的地块。播前耕旋，做到耕层上虚下实，耕层内无根茬，地面平整，无明显土块，为播种创造良好的土壤条件。

3. 优良品种 根据气候和栽培条件，选择高产、优质、多抗、耐密、适于机械化种植的优良品种。选用包衣种子。

4. 机械播种 气温稳定在 7~8℃为适宜播种期，实行大小垄种植，大垄宽 80cm、小垄宽 40cm，株距 20~24cm。每亩宜保苗

5 000 株左右。选用 2MB-10 型覆膜滴灌带种、肥分层播种机实施机械化精量播种施肥、铺带覆膜。

5. 配方施肥 以亩产 1 000kg 目标为例,施用种肥量为纯 N20.3kg、$P_2O_5$7kg、K_2O3.3kg。其他产量目标根据产量折算所需肥料数量。播种同时施入整个生育期内所需全部磷、钾肥及种肥肥料中含有的氮肥,深施 10～15cm,严禁种、肥混合。追肥以氮肥为主配施微肥,氮肥遵循前控、中促、后补的原则,整个生育期追肥 3 次,第一次是拔节期(7 月上旬),施入整个追肥总量的 60%,主攻促叶、壮秆、增穗;第二次是抽雄前(7 月下旬),施入追肥总量 20%,增加穗数;第三次是灌浆期(8 月上中旬),施入剩余氮肥,主攻粒数和粒重。追肥时每亩可额外添加锌肥 1～2kg。

6. 测墒灌溉 灌溉定额因降雨量和土壤保水性能而定,播种结束后视天气和土壤墒情及时滴出苗水,保证种子发芽出苗,如遇极端低温,应躲过低温滴水。生育期内,灌水次数视降雨量情况而定。一般 7 月上旬滴灌进行第一水,水量 20m^3,以后土壤相对含水量低于 70%时及时灌水。视情况在黄灌中间进行滴灌,一般在 7 月下旬到 8 月中旬进行 1～2 次滴灌,每次滴灌 15～20m^3左右,9 月停水。滴灌启动 30min 内检查滴灌系统一切正常后继续滴灌,从小垄到大垄两侧 20cm 土壤润湿即可。

7. 病虫害综合防治 重点注意选择适宜的种衣剂对种子进行包衣处理,防治地下害虫及丝黑穗病、瘤黑粉、茎基腐等土传和种传病害。生育期间重点注意玉米螟、黏虫、草地螟的防治。并遵循"预防为主综合防控"的方针,坚持统防统治的原则,整个乡镇、村屯的玉米田均要认真防治。农药使用应符合国家有关标准。拔节期后,在玉米螟成虫产卵始盛期释放赤眼蜂防除玉米螟;大喇叭口期采用高架喷雾机械等高效植保药节械高效、低毒、低残留农药防治玉米螟及三代黏虫等。严重时可采取航化作业控制灾情。发现有黑穗病,及时拔除病株,于田外深埋或烧毁。

8. 机械收获 当田间 90%以上玉米植株茎叶变黄,果穗苞叶枯白而松散，籽粒变硬、基部有黑色层，用手指甲掐之无凹痕，表面有光泽，即可收获。一般在 9 月末至 10 月初玉米完熟后一周及时收获。

三、应用效果

比传统灌溉可节水 20％以上，节肥 20％以上。

四、适用范围

适用于河套灌区玉米种植。

制种玉米膜下滴灌技术

一、概述

制种玉米膜下滴灌是滴灌技术和覆膜种植技术的有机结合，利用低压管道系统将输水管内的有压水流通过消能滴头，使滴灌水成点滴、缓慢、均匀而又定量地浸润玉米根系最发达的区域，使作物主要根系活动区的土壤始终保持在最优含水状态的灌溉方式。

二、技术要点

（一）播前准备

前作收获后，及时深翻土地，耕翻深度 25cm 以上，做到表土疏松，上虚下实，地面平整，无残茬杂物。施足底肥：亩施 5 000 kg 优质农家肥、尿素 13kg、磷酸二铵 20kg、硫酸钾 10kg，沟施或撒施后进行浅耕。

化学除草：播种前亩用 48％地乐胺 100～150ml，兑水 2～3kg 拌 50kg 细沙均匀撒入地表，或亩用 50％乙草胺 50～100ml 兑水 50kg 用喷雾器喷于地表，耙入 2～3cm 土层中。

（二）滴灌带的铺设和播种

覆膜前按种植品种特性划行，然后铺管覆膜，选用幅宽 80cm 规格地膜，膜管种两行玉米，铺管时应保证滴灌带凸面朝上，拉力均匀、平直。平作，行间距 100～110cm，宽行 60cm，窄行 40～50cm，株距 20～25cm，人工点种后覆土封穴，或播种后铺管覆膜。

（三）田间管理

补苗间苗定苗：膜下播种要及时破膜放苗，每穴留苗 2～3 株，在 4～6 片真叶时定苗，保苗每亩 5000～5500 株。

去杂去劣：结合定苗，根据幼苗长相、叶色、叶形、叶鞘色、生长势等特征特性拔除杂苗、劣苗弱苗、过旺苗、病苗。

（四）科学灌水

全生育期滴水 10～13 次。在滴水前应做好滴灌系统的检查工作，包括首部和输水管道的正确安装。

出苗拔节期：滴 2 次水，滴水量每次每亩 10～18m³。拔节—抽穗期：每 15～20d 滴 1 次，滴水量每次每亩 15～20m³，滴 3～4 次。长势强的品种要注意蹲苗。

抽穗灌浆期：10～15d 滴 1 次水，滴水量每次每亩 10～15m³，滴 3～4 次。

灌浆—腊熟期：滴水 2～3 次，滴水量每次每亩 10～12m³，收获前 20d 停水。

（五）灌溉施肥

实施水肥同步，使玉米生长发育各阶段养分合理供应，根据灌水期确定施肥时期。配兑肥料养分浓度，应根据作物不同生长期的需肥特点和营养诊断确定，全生育期追肥 6 次。

苗期肥：滴肥 1 次，每次每亩施尿素 5 千克。

拔节、抽穗肥：滴肥 2 次，每次每亩施尿素 10～15 千克。

抽穗、灌浆肥：滴肥 2 次，每次每亩施尿素 10～15 千克。

灌浆、腊熟肥：滴肥 1 次，每亩施尿素 5～10 千克，收获前 20d 停水。

（六）去杂、去雄

除去田间杂株，确保种子纯度，当田间 80％植株只有 1～2 片叶未展开时摸苞带叶去雄，保证抽雄不见雄，以保证去雄彻底并利于植株养分供给雌穗。

（七）人工授粉

进行人工授粉，在玉米制种中，花期常遇阴雨天气影响授粉，必须人工辅助授粉，选择母本吐丝盛期，每人拿一长木棍，左右摇摆父本株即可，如此进行 2～3 次，可提高种子结实率。

（八）早割父本

授粉结束后，10d 内及时割除父本，以利节水，减少土壤养分消耗，并保证通风、透光，促进光合作用。

（九）防治病虫害

种子包衣、防治苗期地下害虫，拔节后可用呋喃丹颗粒剂每公顷 7.5～15.0kg，拌细沙每公顷 45.0～52.5kg 撒入玉米心叶内防治玉米螟，用 50% 西维因可湿性粉剂 300～500 倍液喷施防治玉米棉铃虫，在父本雄穗散粉前用 40% 氧化乐果乳油或 80% 敌敌畏乳油 1 000 倍液喷雾防治蚜虫和红蜘蛛，抽雄结束后再防 1 次红蜘蛛。播前用 40% 的拌种灵可湿性粉剂 100～150g 拌 100kg 种子，防治玉米丝黑穗病。

（十）适时收获，加强晾晒

种子成熟后适时收获，收获后的果穗及时拿到房顶或水泥晒场晾晒，也可装入塑料网袋，码成长垛晾晒，要勤翻动，防止雨淋和冻害，影响种子色泽和发芽率。

三、应用效果

全生育期灌 12 次，按每次每亩灌水 20m³ 计算，每亩共需灌水 240m³。而平作大水漫灌全生育期灌 6 次，按每次每亩灌水

$70m^3$ 计算，每亩共需灌水 $420m^3$，全生育期亩可节水 $180m^3$。

四、适用范围

适用于西北灌区制种玉米种植。

玉米全膜覆盖沟播沟灌节水技术

一、概述

土地平面修成垄形，用地膜覆盖垄面和垄沟，将作物种植在垄沟或沟侧，按照作物生长需水规律，将水灌在垄沟内。

二、技术要点

（一）播前准备

地块选择及整地：选择土壤团粒结构好、蓄水能力强、土层较厚的地块，前茬以豆类、马铃薯、小麦蔬菜等为佳。播种前深翻20～25cm，并灌足安种水。在冬灌条件下进行耙、耱、镇压保墒。

施肥：全生育期每亩施入纯 N 26～28kg、P_2O_5 13～14kg、K_2O 6～8kg、$ZnSO_4$ 1.5～2.0kg，或根据测土结果进行配方施肥，化学肥料其中 N 肥 2/3 作为基肥，1/3 作为追肥，基肥结合春耕施入或在起垄时集中施入垄底，每亩施优质农家肥 4 000～5 000kg。

膜下除草：杂草危害严重的地块整地起坐后用 50％乙草胺乳油全地面喷雾，土壤湿度大、温度较高的地区每亩用 50％乙草胺乳油 50～70g，兑水 30kg，冷凉灌区用 150～200g，兑水 40～50kg进行防治。

（二）起垄

一般在 3 月上中旬耕作层解冻后就可以起垄，垄宽 60cm，垄高 15～20cm，垄沟宽 40cm，或垄宽 40cm，垄沟宽 50cm，垄脊高低一致。

（三）覆膜

全膜覆盖选用宽 120cm 的地膜。全膜覆盖相邻两垄垄沟间不留空隙，但应留渗水口，两幅膜相接处在垄沟的中间，用下一垄沟的表土压住地膜，并每隔 3～4m 横压土腰带，防止大风揭膜。

（四）播种

选用良种：为了保证出苗和产量应选用抗旱优质高产的种子。

播期：当地温稳定通过 10℃时，玉米一般在 4 月中下旬播种。过早受冻，出苗受阻，影响产量。

播种密度：播种深度 3～5cm，株距 20～25cm，每亩保苗4 700～5 800 株。

播种方式：玉米种植在垄沟里或沟侧。

（五）田间管理

及时放苗：覆膜玉米从播种到出苗约需 10～15d，在幼苗第一片叶展开后应及时放苗，3～4 叶期间苗，4～5 叶期定苗，每穴留壮苗 1 株。

灌水：灌水掌握在拔节、大喇叭口、抽雄期、灌浆期、乳熟期5 个时期。一般在 6 月上中旬开始灌头水，全生育期灌 5 水。每次每亩灌水定额 50～40m³。

灌水方法：垄上种植玉米沟灌不得超过沟深的 2/3，膜侧栽培的水深应漫过根部。

合理追肥：全生育期结合灌水追施氮肥 2～3 次，追肥以前轻、中重、后补为原则。当玉米进入拔节期时，结合灌头水进行第一次追肥，每亩追氮肥（N）8kg。追肥方法是在两株中间穴施覆土。当玉米进入大喇叭口期，进行第二次追肥，每亩追纯 N10kg。到玉米灌浆期，根据玉米长势可适当追肥，每亩追施纯 N 一般不超过 3 千克。

（六）病虫害防治

玉米生育期间，加强玉米螟、红蜘蛛、丝黑穗病等病虫害防治。

（七）适时收获

当玉米苞叶变黄、籽粒变硬、有光泽时进行收获。收获后及时清除田间残膜，便于来年生产。

三、应用效果

全生育期亩可节水 125m³。

四、适用范围

适用于西北沿黄灌区、河西走廊灌区玉米种植。

玉米半膜覆盖垄作沟灌技术

一、概述

半膜覆盖垄作沟灌是将土地平面修成垄形，用地膜覆盖垄面，在垄或垄侧种植作物，作物生长期按照需水规律，将水浇灌在沟内。

二、技术要点

（一）播前准备

地块选择及整地：选择土壤团粒结构好，蓄水能力强，土层较厚的地块，前茬以豆类、马铃薯、小麦、蔬菜等为佳。播种前深翻20～25cm，并灌足安种水。在冬灌条件下，进行耙、耱、镇压保墒。

施肥：全生育期每亩施入纯 $N26～28kg$、$P_2O_5 10～15kg$、$K_2O 6～8kg$、$ZnSO_4 1.5～2.0kg$，或根据测土结果进行配方施肥。化学肥料其中 N 肥 2/3 作为基肥，1/3 作为追肥，基肥结合春耕施入或在起垄时集中施入垄底，每亩施优质农家肥 4 000～5 000kg。

膜下除草：杂草危害严重的地块整地起垄后用50％乙草胺乳油全地面喷雾，土壤湿度大、温度较高的地区每亩用50％乙草胺乳油 50～70g，兑水 30kg，冷凉灌区用 150～200g，兑水 40～50kg进行防治。

（二）起垄

一般在 3 月上中旬耕作层解冻后就可以起垄，玉米垄宽60cm，垄高 15cm，垄沟宽 30cm，垄脊高低致。

（三）覆膜

选用幅宽 90～100cm 的地膜。覆膜时地膜要与垄面贴紧拉正，提倡顶凌起垄覆膜。

（四）播种

选用良种：为了保证出苗和产量应选用抗旱优质高的种子。

播期：当地温稳定通过 10℃时，玉米一般在 4 月中下旬播种。过早受冻，出苗受阻，影响产量。

播种密度：播种深度 3～5cm，株距 20～25cm，每亩保苗 4 500～5 500 株。

播种方式：垄侧或垄上种植。垄侧种植，种子点播在垄侧距离垄底 10cm 以上；垄上种植，种子点播在垄脊上，每垄种植两行。

（五）田间管理

及时放苗：覆膜玉米从播种到出苗约需 10～15d，在幼苗第一片叶展开后应及时放苗，3～4 叶期间苗，4～5 叶期定苗，每穴留壮苗 1 株。

及时灌水：灌水掌握在拔节、大喇叭口、抽雄期、灌浆期、乳熟期。一般在 6 月上中旬开始灌头水，全生育期灌 5 水，每次每亩灌水 50m³。

灌水方法：垄上种植玉米沟灌不得超过沟深的 2/3，膜侧栽培的水深应漫过根部。

合理追肥：全生育期结合灌水追施氮肥 2～3 次，追肥以前轻、中重、后补为原则。当玉米进入拔节期时，结合灌头水进行第一次追肥，每亩追纯 N8kg。追肥方法是在两株中间穴施覆土。当玉米进入大喇叭口期，进行第二次追肥，每亩追纯 N10kg。到玉米灌浆期，根据玉米长势，可适当追肥，每亩追施纯 N 一般不超过 3kg。

（六）病虫害防治

玉米生育期间，加强玉米螟、红蜘蛛、丝黑穗病等病虫害防治。

（七）适时收获

当玉米苞叶变黄、籽粒变硬、有光泽时进行收获。收获后及时清除田间残膜，便于来年生产。

三、应用效果

全生育期亩可节水 $75m^3$。

四、适用范围

适用于甘肃河灌区、井灌区、井河混灌区及沿黄灌区、河西走廊灌区的大田玉米生产。

玉米半膜平铺起垄沟灌节水技术

一、概述

半膜平铺起垄沟灌是玉米播种时按规格平铺地膜，播种出苗后，灌头水前用中耕机在畦面开沟，沟土自然覆于垄上，形成梯形的垄畦，将水浇灌在垄畦沟内。

二、技术要点

(一) 播前准备

地块选择及整地：选择土壤团粒结构好，蓄水能力强，土层较厚的地块，播种前深翻 20~25cm，并灌足安种水。在冬灌条件下，进行耙耱、镇压保墒。

土壤处理：为防止病虫害，在铺膜前用 50% 克菌丹 200 倍液，每亩 100kg 进行表土喷雾。

施肥：全生育期每亩施纯 N20~25kg、P_2O_5 10~15kg、K_2O 6~8kg、$ZnSO_4$ 1.5~2.0kg，或根据测土结果进行配方施肥。N肥 2/3 作为基肥，1/3 作为追肥，基肥结合春耕施入或在起垄时集中施入垄底，每亩施优质农家肥 4 000~5 000kg。

(二) 覆膜

用厚度为 0.01mm，宽度为 70~90cm 的地膜按照 100~110cm 的带幅宽窄行种植，机械或人工平铺地膜，要求做到"平、展、严、实"。

（三）播种

选用良种：为了保证出苗和产量，选用抗旱优质高产的种子。

播期：如制种玉米按照母等父，不可父等母的原则，确定父母本播期。一般当土壤温度稳定通过10℃开始播种，过早受冻，出苗受阻，影响产量。

播种密度：播种深度3～5cm，株距20～25cm，每亩保苗4 500～5 500株。制种玉米按要求播种，父本分两次种植，相隔时间5～7d，父本播种量每亩0.60～1kg，两期父本播量各占50%。母本播种量每亩3～4kg，父母本比例1∶4。

（四）田间管理

间苗定苗、去杂、去劣：玉米3～4叶时及时放苗，三叶一心时间苗，五叶一心时定苗，保证亩母本保苗4 500～5 000株左右，父本保苗1 000～1 200株。拔节至抽穗期严格去杂，采取摸苞带叶（1～2片）超前去雄，第二期父本雄穗粉散完，及时砍除父本。

病虫害防治：玉米生育期间，加强玉米螟、红蜘蛛、丝黑穗病等病虫害防治。

灌水方法、次数及灌水量：灌水掌握在拔节期、大喇叭口期、抽雄期、灌浆期、乳熟期5个时期。一般在6月上中旬开始灌头水，沟灌不得超过沟深的2/3，每次灌水定额每亩40～50m³。

合理追肥：全生育期结合灌水追施氮肥2～3次，追肥以前轻、中重、后补为原则，追肥方法是在两株中间穴施覆土。

（五）适时收获

当玉米苞叶变黄、子粒变硬、有光泽时进行收获。收获后及时清除田间残膜，便于来年生产。

三、应用效果

全生育期亩可节水 $75m^3$。

四、适用范围

适用于甘肃河西走廊河灌区、井灌区和井河混灌区及沿黄灌区的玉米生产。

华北季节性休耕区玉米一年一熟节水种植模式

一、概述

在华北地下水超采治理区，采用季节性休耕措施，种植一季玉米，实现节水压采。5～6月等雨趁墒播种，在保证玉米出苗的基础上，一般年份全生育期浇水1次，亩灌水40～50m³，有条件的地方，提倡采用水肥一体化技术，减少浇水量。

二、技术要点

（一）整地

秋季收获玉米后，提倡在秸秆粉碎还田基础上深耕（松）30～40cm，打破犁底层，平整土地（翻、耕、耙、耢），利于土体贮存冬春季降水，增强土壤保水保肥能力。

（二）品种选用

选用通过国家或省级农作物品种审定委员会审定的玉米品种。宜选择丰产性能好、综合抗性好、经济系数较高的耐密型中熟或中晚熟品种。

（三）种子质量和种子处理

播种前种子进行精选。种子质量应达到以下标准：纯度≥98%，净度≥98%，发芽率≥95%，含水量≤13%，发芽势强，籽粒饱满均匀，无破损粒和病粒。对种子进行种衣剂包衣或药剂拌种。

（四）精细播种

1. 播种期 一般在 5～6 月等雨适墒播种，以适当早播且要避开灰飞虱危害和授粉期高温为原则。

2. 播种形式和播种量 采用 50～60cm 等行距或宽窄行（宽行距 80cm 与窄行距 40cm 交替）机械播种，做到播深一致、下种均匀。播种后及时镇压保墒。根据品种特性、留苗密度及种子质量等因素综合确定适宜播种量，一般每亩 2.5～4kg。

3. 免耕播种技术 采用施肥播种机免耕播种。根据测土配方，计算施肥量。采用缓释肥或玉米专用肥一次底施的方法，每亩底肥用量折合纯氮 12～15kg，保证种和肥间距 5cm 以上，防止烧苗。有条件的地方，推荐采用种植行清垄种肥异位同播技术。

4. 浇出苗水 播种后 0～50cm 土壤含水量低于田间持水量 70％时，立即浇出苗水，亩灌水量 40～50m^3。

5. 防治病虫草害 播种后，墒情好时进行封闭式喷雾，墒情差时进行定向喷雾处理，防除田间杂草。喷施除草剂时，添加防治灰飞虱、蚜虫及其传播的病毒病的药剂。喷药时应采用后退方式，均匀喷雾于土壤表面，切忌漏喷或重喷，以免药效不好或发生局部药害。另外，注意不要在雨前或有风天气进行喷药。

（五）苗期管理

1. 间苗定苗 玉米 3～4 片展叶期间苗，5～6 片展叶期定苗。去小苗、病苗、自交苗和与品种特性不符的杂苗，留壮苗匀苗。缺苗时可留双株。

2. 留苗密度 根据品种特性和当地风灾情况确定留苗密度。紧凑型、矮秆品种亩留苗 4 200～5 200 株，高秆紧凑型或中秆半紧凑型品种亩留苗 3 600～4 200 株。高水肥地块、常年风灾较轻的地方取上限，低水肥地块、常年风灾较重的地方取下限。

（六）灌溉

玉米各生育阶段，若 0～50cm 土壤相对含水量低于以下标准，可进行灌溉。拔节期 65％，大喇叭口期至灌浆初期 70％，乳熟至蜡熟期 60％。每次每亩灌水量控制在 30～50m³。

（七）追肥

玉米大喇叭口期，没有底施玉米专用缓释肥的地方，要进行追肥。趁雨或结合灌溉亩追施纯氮 12～15kg。

（八）病虫草害防治

优先采用赤眼蜂控制玉米螟、杀虫灯诱杀成虫等绿色防控措施，玉米中后期重点推广玉米"一喷多效"集成措施，药剂以生物农药为主。蚜虫和灰飞虱是玉米粗缩病的传播者，应对其进行重点防治。玉米苗期注意防治蓟马、灰飞虱、蚜虫、棉铃虫和瑞典蝇等虫害。拔节至大喇叭口期防治玉米螟、棉铃虫等害虫和褐斑病，抽雄前防治玉米螟蛀茎。灌浆期防治蚜虫、螟虫、红蜘蛛和纹枯病等病虫害。雨季田间大草较多时，要防治杂草。

（九）收获

收获籽粒的玉米，在籽粒乳线基本消失、基部黑层出现时收获，果穗收获后及时晾晒。适于青贮的品种可以适时收获，全株青贮用作饲料。

三、应用效果

与常规技术相比，亩均节水 30m³，亩均增产 10％以上。

四、适用范围

适用于华北地下水严重超采的季节性休耕区。

旱作玉米深松蓄墒无膜种植技术模式

一、概述

旱作玉米深松蓄墒无膜种植是以深松蓄水、测墒测温播种、地膜零使用为核心的技术模式，推行现代化科学种植方法，即土壤深松蓄水、科学整地、种子二次包衣、测墒测温精密播种、免地膜覆盖、测土配方施肥、病虫草害防控、叶面施肥等，推进国际一流机械化生产。彻底改变了以往粗放型的种植模式，让玉米种植成为了"精细活"，并解决了地膜对环境的污染。该技术通过"农艺＋农资＋农机"相结合，实现了万亩种植在 10 余人管理的前提下，平均亩产突破吨粮，创造旱作玉米高产样板。

二、技术要点

（一）深松蓄水

收割机直收籽粒，秸秆切碎至 10cm 以下（秸秆长度超过 10cm 地块，需用秸秆粉碎机粉碎秸秆）—深松机深松土壤（深松深度≥50cm）—圆盘缺口灭茬耙处理秸秆，实行秸秆全量还田—秋季动力驱动耙平整土地（深度＜20cm）。

深松扩蓄增容作业要点：154kW（210 马力）拖拉机悬挂全方位深松机秋季作业，目的是彻底打破犁底层，增加土壤蓄水保水能力，有利于玉米根系向下生长，在旱作区打破了犁底层后可以使根系吸收深层土壤水分，降雨量大时可以使水分及时下渗，防止了土壤径流现象发生，干旱时深层土壤水分又可以充分补充耕层土壤水分。标准化深松后的土壤扩蓄增容效果明显。

混合式秸秆全量还田要点：秸秆粉碎后，应用154kW（210马力）拖拉机悬挂大型圆盘缺口灭茬耙进行秸秆全量还田，将土壤与秸秆充分混合，而不是秸秆覆盖，80%～90%秸秆与耕层土壤混合，10%～20%秸秆留在地表。如此操作将加快秸秆的腐化，培肥地力；同时疏松了土壤，在春季低温情况下，土壤升温迅速，促进了作物苗期根系的快速生长，对苗壮起到了关键作用。混合式秸秆全量还田不仅培肥了地力，对下茬玉米的生长也起到了促进作用，解决了传统秸秆还田影响下茬作物生长的难题（表1、表2）。

表1 万亩整地匹配设备及作业情况

设备名称	设备数量（台）	明细	工作效率				
			工作总天数	日工作总量（亩）	实际工作时长（h）	速度（km/h）	作业宽幅（m）
拖拉机	2	型号：2104					
深松犁	2	5犁，作业宽幅：3m	22	450	9	8	3
拖拉机	2	型号：1504					
圆盘缺口灭茬耙	1	作业宽幅：4m	20	500	9	9	2
动力驱动耙	2	作业宽幅：4m	17	600	9	12	2

表2 万亩整地匹配人员情况

工种	人数	用工天数（d）	事宜
管理人员	1	长期	园区管理
管护人员	1	25	设备及机手工作安排
机手	4	25	驾驶农机具
技术人员	1	长期	技术指导

（二）精选优种、二次营养包衣

根据调查数据和目标产量选定品种—选定品种生产厂家—生产种子二次营养包衣发至种子生产工厂—种子生产工厂根据技术要求再次筛选品种，再进行二次包衣后出库。

品种选择要求：果穗行数可变；高抗茎腐病和斑病；植株矮；叶片夹角尽可能小或直立；穗位以上叶片数量比穗位以下叶片数量多；结穗后的苞叶可以完全包裹住内部籽粒；芽率≥96％，3d 的发芽势≥90％；玉米百粒重大于 36g。

精选品种的优势：出苗齐，同一天播种的地块可在两天内全部出齐，同等情况下，一般农户可在 5～7d 内出齐；出苗率高，出苗率≥90％，甚至≥95％，同等条件下，一般农户出苗率在 75％左右。

种子精选要求：出厂种子重新筛选，过 8.0mm 筛，选择大粒精选籽粒；做二次营养包衣，二次营养包衣为嘉禾公司特质"久良田"品牌产品。二次营养包衣由黄腐酸、氨基酸和锌肥混配而成，作用是促进种子在低温情况下快速萌芽，刺激种子生根，根毛发达，因此，有效地降低了北方旱作区"倒春寒"给玉米出苗带来的危害。

（三）测温测墒精准播种

播种机具要求：气息式播种机；自带排种监控设备；行距和株距可灵活调试，行距可调范围为 30～80cm，株距可调范围为 15～30cm；单粒播种，双子和空穴率＜3％；动力传输稳定、精密度高。

精准调试要点：根据种植密度调试行距和株距，调试下肥量：一是根据肥箱表数据选择合适的齿轮，二是转地轮 20 圈测试下肥量；调试种肥距离：肥料位置在种子侧下方 7cm 位置；播种深度：种子播在湿土层下 4～5cm 位置；根据干土层厚度调试推土板深度；镇压轮调试：镇压力根据土壤类型定，保证土壤与种子充分接触，排除期间的空气即可。种子粒径盘选择，一般选择大粒模式，但具体根据品种籽粒大小定；调试气吸压力：保证压力平稳。

测温播种要求：播种时间选择：测得土壤 5～10cm 地温持续稳定在 9℃以上，保证播种后 36h 不受冷寒；正式播种前试播：试播主要对播种机状态进行微调，需要调试种肥距离，下种深度、株距、下肥量等，下肥量必须根据实际播种面积进行测算。使用 GPS 导航进行播种；播种速度为 8km/h。土壤墒情在 60％左右，确保出苗率在 90％以上，3d 内种子全部出齐（表3、表4）。

表3　万亩播种设备配套方案

设备名称	设备数量（台）	明细	工作总天数	日工作总量（亩）	实际工作时长（h）	速度（km/h）	作业宽幅（m）
拖拉机	2	型号：2104					
播种机	2	作业行数：8行	11	800	8	7	4.8
拖拉机	1	型号：604					
播种机	1	作业行数：2行	12	100	8	7	2.4

表4　万亩土地播种用工情况

工种	人数	用工天数（d）	事宜
管理人员	1	长期	园区管理
管护人员	2	15	机手管护和工人管护
机手	3	15	驾驶农机具
技术人员	1	长期	技术指导
临时用工	8	12	播种时上籽上肥

（四）测土配方、分次精准施肥

秋季取土（0～30cm）进行测试—根据测试结果及目标产量出配肥方案（种肥、追肥和苗期喷施叶肥）—根据方案采购原料进行肥料掺混。

取土化验：秋季取土，深度0～30cm，土壤地力分布相似的地块组成混合样进行测试，测试指标18个（表5）。

表5 土壤测试指标

pH	EC	土壤质地	有机质	碱解氮	有效磷
速效K	交换性Ca	交换性Mg	交换性K	交换性Na	CEC
有效Fe	有效Mn	有效Zn	有效Cu	有效B	有效S

科学配方：根据土壤测试结果、作物肥料需求进行配方设计，增加中微量元素，同等产量的情况下，比普通种植减少化肥用量30%。

玉米生长过程中，70%的氮肥在玉米拔节至灌浆时期吸收利用，而氮肥在土壤中持续的时间最多两个月，对于旱作区拔节期追施氮肥尤为重要，为玉米后期的快速生长提供保障。追肥方案：硫包衣尿素和大颗粒尿素按照1∶1的比例混配，每亩追肥量为35～40kg；施肥设备为马斯奇奥9行追肥机2台，改装7行追肥机1台；肥料距苗带10～12cm位置，下肥深度5～8cm；追肥时间为5～8片展叶期间。

营养诊断追肥：玉米三叶期预防缺磷导致红苗与紫苗—玉米拔节期预防追施氮肥和钾肥—玉米吐丝授粉期补施钾肥和水分。

三叶期是玉米生长中第一个转折点，玉米从自养生活转入异养生活，三叶期到拔节期是根、叶的生长、茎节的分化和果穗的孕育。播种期间种肥距离对该时期营养供应至关重要，另外，喷施高磷腐殖酸叶面肥，为其生长发育补充充足营养，防治红苗紫苗的问题。

拔节期是玉米一生中的第二个转折点，该时期叶片、茎节等营养器官旺盛生长和雌雄穗等生殖器官强烈分化与形成，简单地说就是玉米果穗行数形成时期。拔节前期进行追肥，主追氮钾肥，另外喷施高氮腐殖酸叶面肥，以保证玉米穗期阶段对氮肥的高效利用。

吐丝授粉阶段是玉米一生中的第三个转折点，该时期营养生长基本停止，进入生殖生长的中心阶段，也是决定玉米果穗长度和粒数的关键期，田间管理主要保护玉米叶片不损伤、不早衰，争取粒多、粒重，保证丰产。抽雄前期在防治玉米螟虫和蚜虫时，增施高钾型腐殖酸叶面肥（表6、表7）。

表6　万亩追肥农机设备匹配

设备名称	设备数量（台）	明细	工作效率				
			工作总天数（d）	日工作总量（亩）	实际工作时长（h）	速度（km/h）	作业宽幅（m）
拖拉机	2	型号：2104					
追肥机	2	作业宽幅：4.8m	8	1 100	10	8	4.8
追肥机	1	作业宽幅：2.4m	8	200	9	8	2.4

表7　万亩追肥用工情况

工种	人数	用工天数（d）	事宜
管理人员	1	长期	园区管理
管护人员	2	10	机手管护和工人管护
机手	2	10	驾驶农机具
技术人员	1	长期	技术指导
临时用工	9	10	装卸肥料

（五）化学除草、精量精准喷药

苗前除草：调查往年杂草情况—提出封闭除草方案—采购原药—配置适宜的苗前除草药物—规范喷施苗前除草剂。苗前除草方案：72%的异丙甲草胺，20%的硝磺草酮，90%的莠去津。每公顷用药量：72％的异丙甲草胺 3.3L，20％的硝磺草酮 0.65L，90％的莠去津 1.3kg，增加少许柠檬酸调节 pH。

苗后除草：在受天气等因素影响下，无法喷施苗前除草的情况下，选用苗后除草方案。调查往年杂草情况—提出苗后除草方案—采购药物—规范喷施苗后除草剂。苗后除草方案：苞卫，每公顷用药量为 100ml，加少许柠檬酸调节 pH。

喷施除草剂要点：设备及喷头选择：选择国内外常用的喷药设备，如 Mazzotti、丸山、丰茂等。苗前除草剂选择扇形喷头为 Teejet110-03 型号，苗后除草剂选择扇形喷头为 Teejet110-04 型号。喷药操作规程：确保喷头间距 50cm，扇形喷嘴喷缝调到垂直于垄向 15°位置，喷雾时喷嘴离地面 50cm；选择同型号的喷嘴，调试设备确保所有喷嘴的流量一致；每亩地喷水量在 15～20kg，喷苗前除草剂压力在 $2.026 \times 10^5 \sim 3.039 \times 10^5 Pa$（2～3 个大气压）之间（确保喷洒雾滴直径为 300～400μm，产生 100μm 以下的漂移雾滴少，每平方米雾滴 20～30 个）；喷苗后除草剂压力在 $3.039 \times 10^5 \sim 4.052 \times 10^5 Pa$（3～4 个大气压）之间（确保喷洒雾滴直径为 200～300μm，产生 100μm 以下的漂移雾滴稍多，每平方米雾滴 30～40 个）。精确测算出满罐药喷药面积，以确保精准兑药；喷药时要求气温在 13～27℃，25℃时最佳，空气湿度在 65％以上，风速在 4m/s 以下（相当于 3 级风，一般晴天早晨 8 时前，下午 5 时后）；兑药时必须采用二次稀释法进行兑药，即将药剂倒入加少量水的容器中，充分搅拌后倒入喷药箱中，然后调试 pH 为 6 左右；喷药机车速在 6～8km/h，保证喷雾压力和行走速度均匀；苗前除草在土壤墒情合理的条件下，播种后即可进行。苗后除草一般在一年生阔叶草 2～4 叶期，禾本科杂草 3～5 叶期进行喷药。

优势和效果：根据草情选择常规除草剂，对症下药；选择土壤墒情和气候条件进行喷药，提高了药效，减少了药量；精准调试设备，做到调试零失误，喷药一次到位，减少了喷药次数。因此，精量精准喷药可减少农药使用量 30％（表 8、表 9）。

表8 万亩植保防控农机设备匹配

设备名称	设备数量（台）	明细	工作效率				
			工作总天数（d）	日工作总量（亩）	实际工作时长（h）	速度（km/h）	作业宽幅（m）
植保机	1	作业宽幅：24m	10	800	6	6	24
植保机	1	作业宽幅：12m	10	300	6	6	20

表9 万亩土地植保防控用工情况

工种	人数	用工天数（d）	事宜
管理人员	1	长期	园区管理
管护人员	2	10	机手管护和工人管护
机手	2	10	驾驶农机具
技术人员	1	长期	技术指导
临时用工	4	10	开水车和兑药

（六）统防统治，减少农药使用量

病虫害诊断流程：调查前5年当地玉米病虫害发生情况—小喇叭口期在地块的上风口或者杂草多的地块检查病虫害情况（此时期多为一二代黏虫和草地贪夜蛾等害虫发生期）—大喇叭口期在地块的上风口或者杂草多的地块检查病虫害情况（此时期多为草地贪夜蛾和玉米螟虫等害虫发生期）—吐丝散粉期检查病虫害情况。

田间调查方法：采用W形的取样方法，从进入地块后5m的地方开始调查，每样点取50株玉米，查看虫害情况，记录被害植株和查验的总株数，调查完第一点，转入下个点进行调查，调查5个点。小喇叭口期主要看从新叶中长出来的2~3片叶，大喇叭口期查看从新叶中新长出来的3~4片叶和即将抽出的雄穗。吐丝散粉期重点检查每个果穗和花丝，检查果穗着生节的上一节和下一节的叶片。

化学防治标准：小喇叭口期被害植株＞10％，大喇叭口期被害植株＞30％，穗期被害植株＞10％。

防治药剂：黏虫和玉米螟防治药剂为甲维盐、氯虫苯草酰胺、高效氯氟氰菊酯等。

喷药操作规程：清洗药壶，特别是喷除草剂药壶，使用强酸清洁剂将沉淀物清洗干净，再用尿素水清洗；选择喷头喷嘴型号为实心锥形 Teejet110-04；喷压机压力调制 $1.520×10^5$～$1.722×10^5$ Pa（1.5～1.7 个大气压）之间，喷头间距 50cm，喷雾时喷嘴离作物45～50cm；喷药时间为下午 6 时到第二天早晨 8 时，风速在 4m/s以下，喷药后 8h 内不下雨才有效，否则重喷；采用 2 次稀释法配药，最后调试水溶液 pH 到 5.3 左右，每亩喷施药液为15～20kg；喷药前检查所有喷头流量，确保每个喷头流量一致，喷药机车速为6km/h；建议在喷药机上安装高光照明设备，第一有助于夜间作业，第二可吸引大量飞蛾类成虫，从而更容易将其消灭。

（七）适时晚收、机械化籽粒收获

采用大型轴流式滚筒收割机在 10 月下旬、籽粒水分含量至20％左右时（乳线完全消失后 15～20d）进行适时收获，此时籽粒直收，可起到自然风干和脱水的作用，收获后不烘干，可直接出售。与收获棒子、二次脱粒相比减少玉米损失 10％～20％，减少生产成本 20％～30％。

机械化籽粒收获标准：采用凯斯 4088 收割机直接进行脱粒收获，机械收获籽粒损失率＜2％、果穗损失率＜2％、籽粒破碎率＜1％、果穗含杂率＜3％、秸秆切碎长度＜10cm。

三、应用效果

通过 2018—2019 年在山西省寿阳县示范推广，万亩种植田亩产连续两年突破吨粮，较当地农户种植增产 40％。

四、适宜区域

适用于具备大规模机械化作业的北方半干旱玉米种植区。

水稻"三旱"节水技术

一、概述

水稻"三旱"节水技术是指采用露地旱育大秧、本田旱整地、大田旱管理技术的节水技术模式，实现节水增产目标。

二、技术要点

（一）露地旱育大秧

1. **精细整地** 旱秧田可以分散填空育秧，一般是用菜园地，利用菜苗尚小时期在畦间育秧，也可在果园、庭院、干涸的河圹、路沟等。秧田地要整的像菜园地一样精细，畦面颗粒细小。

2. **施足底肥** 秧田亩施圈粪 5 000kg、尿素 10～15kg、过磷酸钙 25～50kg、硫酸钾 10～15kg，黏土地施硫酸锌 1.5～2kg。底肥施用之后再浅翻 6～7cm 土层，使肥、土充分混合，防止烧苗。

3. **适时播种** 夏稻选用中晚熟、中秆大穗品种。4 月下旬播种，5 月初出苗，6 月中、下旬插秧，秧龄 50～55d，黏土秧田亩播种 55～60kg，壤土亩播 40～50kg 种子，秧本比为 1：（10～12）。播前选种和药剂浸种 3d，每天换水 1 次，当播种"破胸露白"时即可播种。

4. **厚盖种子、薄土长苗** 播种后盖 3cm 厚土层，防止透风落干，影响种子发芽生长。盖土后畦面必须浇透或灌水过畦面，当幼芽长到 1～1.5cm 时，推去厚土层，保留 0.5～1cm 薄土层，利于长苗。以后到三叶期遇旱再灌水。另有在菜畦行间育秧，畦面灌水渗透后播种，邻畦取土覆盖厚约 1cm。遇大雨或灌水后待晴天要破除土壳，防止板结压苗。

5. **精细管理**　三叶期前后如遇干旱，应及时灌水，并随水追肥。及时除草、防治病虫害，特别注意药剂处理种子，防治恶苗病。三叶期后，遇雨或灌水结合追施化肥 1～2 次，每次亩施尿素约 5～7kg。

(二) 本田旱整地

在麦收之后用圆盘耙或手扶拖拉机旋耕灭茬、整平，即旱整本田。然后灌水耙平田面即可插秧。另一种方法是麦收之后不灭茬，带茬灌水后用手扶拖拉机旋耕灭茬，耙平之后接着插秧。"三旱"种稻在 6 月 15 日开始插秧，7 月 10 日前结束，插秧后进入雨季。插秧期间利用库水、河水、井水插一部分，因干旱缺水田块，可旱育稀插，培育长龄多蘖壮秧，等到进入雨季再插秧。

(三) 大田旱管理

6 月中旬到 9 月上旬正值夏稻分蘖、幼穗分化、抽穗开花期。选用中后期生长旺盛型品种如临稻 4 号等，在大田生育过程中，每亩灌水 300m³，即可保证正常的生育需水。具体做法是有水插秧，插后 3d 灌一次水，连续灌 2 次水，进入分蘖期，水稻抗旱能力增强，进入雨季后可不用灌水，但若隔 7～10d 不降雨要灌水，每次灌水约 30m³，抽穗后灌 3 次水，大田共灌水 8～10 次。

种植方式采用小群体插秧，每丛 3～4 苗，亩插基本苗 8 万～10 万株。根据土壤肥力确定施氮量，一般插秧前和插秧后的 20d，施用总肥量的 65% 左右。其中基面肥、插后一周促身蘖肥和插后 15d 促蘖肥，分别占前期肥料量的 40%、30% 和 30%。孕穗期施肥，占总用肥的 35% 左右。除草、防治病虫害与常规稻田相同。

三、应用效果

"三旱"节水技术的旱育秧比水育秧省水 85%，可改造平原涝洼低产田，过去涝渍低产田平均亩产 100～150kg，改种水稻之后，目前夏稻亩产 450～500kg，小麦亩产 350～400kg。该模式还可改良盐碱地，在重盐碱地连续种稻 10 年，可改成良田。

四、适用范围

适用于黄淮海地区水稻旱作生产。

水稻控制灌溉技术

一、概述

水稻控制灌溉又称水稻调亏灌溉，指秧本田移栽后，田面保留 0.5～2.5cm 薄水层返青，返青以后的各个生育阶段不再长时间建立灌溉水层，而是以根层水分为控制指标，确定灌水时间和灌水定额。该技术通过主动施加一定程度的水分胁迫，可以发挥水稻自身调节机能和适应能力，同时能够引起同化物在不同器官间的重新分配，降低营养器官的生长冗余，提高作物的经济系数，并可通过对其内部生化作用的影响，改善作物的品质，起到节水、优质、高效的作用。

二、技术要点

（一）泡田期和移栽返青期

泡田期，每亩用水 80～120m³，泡田 3～5d。插秧后秧苗开始进入返青期，等水层自然落干，当田面出现 0～4mm 裂缝时再灌水，每次灌水深度约 20～30mm。

（二）分蘖期

返青期后，水稻进入分蘖期，分蘖前期和分蘖中期每次灌水后，等水层自然落干，当田面出现 0～3mm 裂缝时再灌下一次水，每次灌水水层深度约 30mm。如遇降雨，可蓄雨水，蓄雨深度不超过 50mm，多余雨水排除，蓄雨时间不可超过 7d；分蘖末期，及时排水晒田重控，此时土壤裂缝可控制在 4～8mm，当裂缝超过

8mm 时需灌水，保持田面完全湿润即可。

（三）拔节孕穗期和抽穗开花期

在分蘖末期晒田后，水稻进入拔节孕穗期，从分蘖末期过渡到拔节孕穗期是水稻生育期的转换阶段，也是控制灌溉水分管理的关键时期，水稻进入拔节孕穗期时及时灌水。拔节孕穗期和抽穗开花期是水稻需水敏感期，水分管理采用"浅、湿、干"的办法，每次灌水后，等水层自然落干，当田面出现 0～3mm 裂缝时再灌下一次水，灌水水层深度约 20～30mm，遇到降雨则蓄雨水，蓄雨深度不超过 50mm，多余雨水排除，蓄雨时间不可超过 7d。

（四）乳熟期和黄熟期

乳熟期和黄熟期要求田面干、土壤湿，当土壤出现 4～10mm 裂缝时再灌水，每次灌水使土壤完全湿润即可。如有降雨，蓄雨最大深度不超过 20～30mm。如果天气过于干旱，在水稻收割前10～15d 灌 1 次饱和水，使土壤完全湿润，防止水稻早衰。

（五）处理好生产性用水与控制灌溉的关系

生产性用水指打药、施肥用水，打药和施肥要求必须有水层，控制灌溉的水层管理要服从生产性用水要求，即什么时候需要打药、施肥，就什么时候灌水，但最好将生产性水与控制灌溉用水结合起来。尤其是分蘖前期封闭灭草时一般要保留水层10～12d。

三、应用效果

通过水稻控制灌溉技术，可节水 30%～40%，适时适量灌水防止无效分蘖，增加成穗率，可增产 5%～10%。

四、适用范围

适用于东北水稻种植地区。

水稻地膜覆盖节水技术

一、概述

水稻地膜覆盖技术是通过田面开箱，在箱面上覆膜种植水稻，可实现节水、节支、高产、高效的目的。

二、技术要点

（一）选用耐旱高产抗病新品种

选用适于节水栽培的水稻新品种。

（二）培育带蘖壮秧

采取旱育稀播方法培育带 1～2 个分蘖的壮秧。

（三）精细整地，合理施肥

整地方法为原茬带水压耙，栽植床面宽 1.1m，沟宽 0.3m，调好厢沟和围沟，施用水稻专用肥 $600kg/hm^2$。

（四）覆膜

采用厚度 0.01mm 以上的地膜，采用黑色地膜可以有效控制杂草。整好地马上覆膜，以滚动膜捆进行覆盖，地膜要紧贴泥土不留空隙，两边压入泥中，达到平整严实。

（五）合理密植

视土壤肥力确定密度。中等肥力地块为 28.5 万穴/hm^2，中上等肥力地块为 21.9 万穴/hm²。

（六）田间管理

插秧完毕清沟通水。为促进缓苗，插后 3d 内尽量让厢面经常有水，缓苗后再保持沟内有水、厢面无水，进行湿润管理。同时尽量减少进田次数，以防破膜生草，失去保温保肥作用。

（七）生育促控

缓苗后分蘖期（插后 5～7d），亩追施硫酸铵 15kg，先让水淹没厢面，再撒肥，让水自然渗落，以后仍进行厢面无水沟内有水湿润管理状态。当每亩分蘖基数达到 50 万时，排干沟水进行晒田。孕穗期视田间长势，每亩追施硫酸铵 15kg，方法同第 1 次。

（八）综合防治病虫害

根据虫情测报及时防治二化螟、稻水象甲、黏虫和蝗虫。

（九）彻底清除废膜

采用人工捡拾、机械回收等方式回收农田残膜，防止土壤污染。

三、应用效果

采用该模式可大量节约灌溉用水，平均可节水 50%，增产 15% 以上。

四、适用范围

适用于东北地区水稻种植区。

马铃薯膜下滴灌水肥一体化技术

一、概述

膜下滴灌技术是将滴灌技术和覆膜技术的优点有机结合，以高频率、小流量的灌水方式进行灌溉，使马铃薯根区土壤经常保持良好的水分条件，减少了水分的渗漏和蒸发，在提高产量的同时，也提高了水分利用率和肥料利用率。

二、技术要点

（一）滴灌设备安装

新建滴灌田应在前一年秋季上冻前，将地下主管道铺设好，第二年春季安装首部，包括过滤器、水表、空气阀、安全阀、球阀、施肥罐、电控开关等；播种时铺毛管（滴灌带），播种后铺设地上主、支管，然后进行管道连接。

（二）选地轮作

选择土层深厚、质地疏松、通透性好的轻质壤土、沙壤土或沙土地种植。土壤 pH5～8 的范围内，农田较为开阔平整。

在前茬未种过马铃薯的莜麦、小麦等谷类作物茬口地上种植马铃薯。

（三）整地施肥

播前进行深耕整地。耕翻地深度要达到 30～35cm。翻地深浅要一致，无漏翻现象。结合翻地亩施充分腐熟的优质农家肥

1 000～1 500kg。耕后旋耕耙平，进行播种。

（四）选择优良品种和优质脱毒种薯

根据生产目的和市场需求，可选择不同的马铃薯品种种植。应选择优质脱毒马铃薯原种或一级种播种。每亩用种量 150～170kg。

（五）种薯催芽、切块和药剂拌种处理

种薯应进行严格的挑选，将带病的种薯剔除。若种薯尚未发芽，应先于临时贮藏用的较大空房内放置一周左右，此期间应防止低温冻害，晚上加盖防冻，通风、保湿条件要好。待芽露头，芽长 0.5cm 左右时开始切种。切种前每吨种薯用 2.5% 的适乐时悬浮剂兑水 7～8L 稀释后均匀喷在种薯上，稍干后进行切块，每个切块 40～50g，每块上至少带 2～3 个芽眼，切块大小应均匀一致。

（六）播种

当土壤 10cm 地温稳定在 10℃ 左右时播种。北方地区约在 4 月中下旬至 5 月中下旬间播种。采用开沟、播种、铺带、喷药、覆膜一体机，一次性完成开沟、施种肥、播种、沟喷药、铺滴灌带、覆膜等作业。宽窄行播种，播种时亩施复合肥（12-16-20）60kg、磷酸二铵 10kg、硫酸钾 15kg。

（七）中耕培土

马铃薯播后 20d 左右进行一次中耕培土。将大行间的土培在播种行上，便于马铃薯芽顶破膜出苗。此外，兼有疏松行间土壤、减少蒸发、接纳雨水、防除杂草的作用。培土厚度掌握在 2～3cm。

（八）查苗放苗

马铃薯出苗期间要及时查苗放苗，防止被地膜内高温烧苗。

（九）浇水追肥

马铃薯滴灌一般选择滴头间距 30cm，滴头流量为 1.38～1.5L/h 的滴灌管。播后如果土壤墒情不好，不能保证出苗，则应在播后一周进行一次滴水，滴水量以土壤湿润深度 10cm 为宜。

苗齐后滴水一次，滴水量以土壤湿润深度 20cm 为宜。结合滴水，每亩追施水溶性复合肥 10kg、硝酸钾 5kg。

第二次滴水视墒情确定，滴水量以土壤湿润深度 30cm 为宜。结合滴水，每亩追施水溶性复合肥 10kg、硝酸钾 5kg。

现蕾块茎形成期，视土壤墒情第三次滴水，滴水量以土壤湿润深度 40cm 为宜。结合滴水，每亩追施水溶性硫酸钾 5kg、尿素 2kg、硝酸钙镁 10kg、硫酸锌 300g、硫酸锰 300g。

第四次滴水视土壤墒情确定，滴水量以土壤湿润深度 40cm 为宜。结合滴水，每亩追施水溶性硫酸钾 3kg、尿素 2kg、硝酸钙镁 5kg。

第五次滴水视土壤墒情确定，滴水量以土壤湿润深度 40cm 为宜。结合滴水，每亩追施水溶性硫酸钾 3kg、尿素 2kg、硝酸钙镁 5kg、硫酸锌 300g、硫酸锰 300g。

第六次滴水视土壤墒情确定，滴水量以土壤湿润深度 40～50cm 为宜。结合滴水，每亩追施水溶性硫酸钾 2kg。

块茎膨大期第七次滴水视土壤墒情确定，滴水量以土壤湿润深度 40～50cm 为宜。结合滴水，每亩追施水溶性硫酸钾 1kg。

以后视土壤墒情，及时进行滴灌，若表现脱肥时，也可在滴灌时分两次每亩滴入尿素 600g，每次 300g。

整个生长期间视降雨和土壤墒情每隔 7～10d 滴水 1 次，全生育期滴水约 8～10 次左右，每亩灌溉定额一般为 80～120m³。收获前 15d 左右停止灌水。出苗 60d 以后不再追施尿素。滴灌要均匀。滴灌肥均要采用水溶性肥。

每次施肥时，首先滴 2h 清水，以湿润土壤，再滴 1.5～2h 肥液，之后再滴 1～2h 清水，以清洗管道，防止堵塞滴头。每次追肥时先打开施肥罐的盖子，加入肥料。若是固体肥料，其加入量控制在施肥罐容积的 1/2 以内，若是提前溶解好的肥液或液体肥料，加入量控制在施肥罐容积的 2/3 以内，然后注满水，搅拌均匀，盖上盖子，拧紧盖子螺栓，打开施肥罐水管连接阀，调整首部出水口闸阀开度，开始追肥。每罐肥一般需要 20min 追完。根据土壤养分和植株生长情况，可以调整施肥量和肥料种类。

（十）喷药防控病虫害

于 6 月下旬至 7 月上旬视植株生长情况和天气情况定期喷施杀菌剂，防治早疫病和晚疫病。

（十一）收获

收获前 10～15d 采用机械杀秧，选晴天收获。收获前将地面的主管、支管收起，并破开地膜将滴灌带机械回收，盘成卷，拉出地外。收获过程中尽量避免机械损伤。收获的块茎经大小分级后，挑拣装袋，就地销售或入窖贮藏。

三、应用效果

马铃薯膜下滴灌水肥一体化技术在华北和西北马铃薯产区进行示范推广，增产幅度 65.4%～104.8%，亩增产 330.0～620.0kg，亩增经济效益 300～580 元。

四、适宜范围

适宜于西北和华北北部干旱少雨，适宜地膜覆盖，有水源条件的地区推广应用。

旱作马铃薯全膜覆盖技术

一、概述

全膜覆盖是北方旱作区马铃薯生产的重要技术之一，其原理是在田间起大小双垄，用地膜对地表进行全覆盖，在垄上种植，集成膜面集水、垄沟汇集、抑制蒸发、增温保墒、抑制杂草等功能，充分利用自然降水，有效缓解干旱影响，实现高产稳产。

二、技术要点

（一）播前准备

选择田面平整、土层深厚、土质疏松、土壤理化性状良好、保水保肥能力较强的地块，前茬最好为小麦、豆类，玉米、胡麻次之，不宜与茄科作物连作，忌重茬。西北地区以豆、麦、马铃薯3年轮作为宜。

在前茬作物收获后，采取翻耕、深松耕、旋耕，耕后耙耱等措施进行整地蓄墒，做到田面平整、土壤细绵、无坷垃、无根茬，为覆膜、播种创造良好条件。有条件的地区可结合整地进行秸秆粉碎还田。

增施有机肥：根据马铃薯的品种特性、目标产量、土壤养分等确定肥料用量和养分比例，缺钾地区应注意补充钾肥，同时注重锌、硼等中微量元素肥料的施用。科学施用保水剂、抗旱抗逆制剂，推荐施用长效肥、缓释肥及相关专用肥。底肥在整地起垄时施用。

根据降水、积温、土壤肥力、生产需要等情况选择适宜品种。

有针对性选择菜用型、鲜食型、淀粉加工型、油炸加工型等不同用途和早熟、中早熟、中熟、中晚熟、晚熟等不同生育期品种。宜选用符合 GB18133—2000 规定的脱毒种薯。

（二）起垄

大垄垄宽 60～70cm，垄高约 10cm；小垄垄宽 40～50cm，垄高约 15cm；大小垄相间。在垄上播种，见图 1。按照起垄规格划行起垄，做到垄面宽窄均匀，垄脊高低一致，无凹陷。缓坡地沿等高线开沟起垄，有条件的地区推荐采取机械起垄施肥播种覆膜一体化作业。

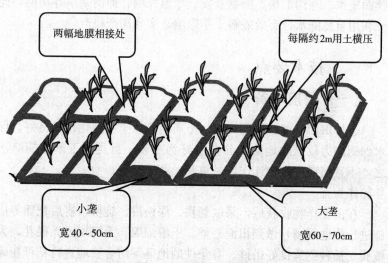

两幅地膜相接处

每隔约2m用土横压

小垄

宽40～50cm

大垄

宽60～70cm

图 1　起垄覆膜示意图

病虫草害严重的地块，在整地起垄时进行土壤处理，喷洒杀虫剂、杀菌剂和除草剂后及时覆膜。

（三）覆膜

地膜应符合《聚乙烯吹塑农用地面覆盖薄膜》（GB13735）要求，为便于回收，应选用厚度 0.01mm 以上的地膜。积极应用强度与效果满足要求的全生物降解地膜和功能地膜。

根据降水和土壤墒情选择秋季覆膜或春季顶凌覆膜。秋季覆膜可有效阻止秋、冬、春三季水分蒸发，最大限度保蓄土壤水分。春季土壤昼消夜冻，白天土壤表层消冻约15cm时顶凌覆膜，可有效阻止春季水分蒸发。

全地面覆盖，相邻两幅地膜在大垄垄脊相接，用土压实。地膜应拉展铺平，与垄面、垄沟贴紧，每隔约2m用土横压，防大风掀开地膜。覆膜后在播种沟内每隔50cm左右打直径约3mm的渗水孔，便于降水入渗。加强管理，防止牲畜入地践踏等造成地膜破损。经常检查，发现破损时及时用土盖严，也可用秸秆覆盖护膜。

（四）播种

种薯处理。播前15d左右种薯出窖，剔除病、虫、烂薯，进行晒种。播前7d开始催芽，集中堆放催芽，用农膜覆盖，提高温度，促其发芽。芽长1cm左右准备切块播种。切薯前用高锰酸钾消毒刀具，将种薯切成25～50g大小的薯块，每个薯块带1～2个芽眼。鼓励用50g左右的小整薯播种，提高出苗率，增强抗旱、防病能力。薯块用草木灰或种衣剂拌、浸种，阴凉处晾干待播。

5～10cm耕层地温稳定通过10℃时播种，通常在4月下旬至5月上旬，也可根据当地气候条件、墒情状况和马铃薯品种等因素调整。

根据土壤肥力、降水和品种特性等确定种植密度。一般每亩种植密度3 000～4 500株。土壤肥力高、墒情状况好的地块，或选择生育期短、植株矮小品种的地块可适当加大种植密度。

按照种植密度和株距将种薯破膜穴播。用特制的打孔器按预定株距人工打孔，孔深10～15cm，直径4～5cm，播种时芽眼向上，播后及时将播种孔封闭。有条件的地区推荐采用起垄施肥播种覆膜一体机播种。耕层土壤相对含水量低于60％的地块应补墒播种。

（五）田间管理

1. 苗期管理

（1）查苗放苗。 破土引苗，幼苗与播种孔错位应及时放苗，并重新封好播种孔。出苗后发现缺苗断垄时应及时补苗。

（2）查膜护膜。 马铃薯出苗到现蕾期应保持膜面完好，及时用细土封严破损处，防止大风揭膜。

2. 中后期管理

（1）现蕾期。 根据马铃薯长势进行追肥，采取打孔追肥或叶面喷施。

（2）块茎膨大期。 块茎膨大期适时揭膜，并进行人工或机械培土，以利块茎膨大。

做好早疫病、晚疫病、环腐病及蛴螬、蝼蛄、蚜虫等病虫害防治，鼓励应用生物防治技术。

（六）适时收获

除早熟品种外，植株大部分茎叶变黄枯萎时收获。注意块茎储存，防止受潮霉变。

（七）残膜回收

采用人工或机械对残膜进行回收，鼓励以旧换新和一膜两年用。

三、应用效果

马铃薯增产 20％以上，水分利用率提高 20％左右。

四、适用范围

适用于西北、华北北部半干旱区。

马铃薯半膜覆盖垄作沟灌节水技术

一、概述

半膜覆盖垄作沟灌是将土地平面修成垄沟交替形状，用地膜覆盖垄面，在垄上或垄侧种植马铃薯，按照作物生长需水规律，将水浇灌在垄沟内，提高水资源利用效率。

二、技术要点

（一）播前准备

地块选择及整地：选择耕层深厚、土壤疏松、肥力中等以上、灌排方便、前茬为非茄科作物、光照充足的地块。灌足安种水，播种前深翻 20～25cm，做到土壤疏松、土块细碎。

施肥：马铃薯多施有机肥，增施钾肥。有机肥在春耕时施入，每亩施优质农家肥 5 000kg 以上。化肥在播种时施入，全生育期每亩施纯 N10～12kg、P_2O_5 8～10kg、K_2O 8～10kg，并根据测土结果进行配方施肥。避免施用含氯化肥。

土壤处理和膜下除草：地下害虫危害严重的地块，整地起垄时，每亩用 40% 甲基异柳磷乳油 0.5kg 加细沙土 15kg，制成毒土后撒施。杂草危害严重的地块整地起垄后用 50% 乙草胺乳油全地面喷雾，土壤湿度大、温度较高的地区每亩用 50% 乙草胺乳油 50～70g，兑水 30kg，冷凉灌区用 150～200g 兑水 40～50kg 进行防治。为提高药效，一般先喷两垄，覆盖地膜后再喷两垄，依此类推。

（二）起垄覆膜播种

选用优良品种：根据市场需求选用淀粉含量高，粮菜兼用和全粉加工型高产抗病脱毒种薯。

晒种：将种薯平摊在土质场上，晒种 2～3d，忌在水泥地上晾晒，晒种期间剔除病烂、伤薯，以减轻田间缺苗，保证全苗，为丰产奠定基础。

种薯切块：选择脱毒无病种薯进行切块，每块种薯大小在30～50g，留 2～3 个芽眼，并用 75％酒精或 40％甲醛进行切刀消毒。切块后用草木灰拌种，堆放 1d 后播种或用旱地宝每 30ml 兑水50kg 浸种 10min，捞出后沥干水分待播种。

播种时期：播种期应从多方面确定，可根据品种特性而定，早熟品种适当提早播期；中、晚熟品种抗逆性强，可适当晚播，使结薯期相应后移到适于结薯的低温短日照条件下。播期要以气温稳定通过 5～7℃时播种，以免幼苗遭受晚霜病的危害。

起垄覆膜：一般在 3 月上中旬耕作层解冻后就可以起垄，垄面宽 60cm，垄高 30cm，垄间距 40cm，带幅 120cm，垄和垄沟宽窄要均匀，垄脊高低一致。选用 0.01mm 规格，宽 90cm 地膜，亩用4kg 左右，覆膜要求"紧、展、严、实"。除人工起垄、覆膜外，也可采用马铃薯播种机，一次性完成施肥、起华、播种、覆膜作业。

播种密度：马铃薯不同品种播种密度不同，一般应掌握在行距20～30cm，株距 17～25cm，每垄种两行，亩保苗 5 500～6 500株。播深 15cm。

（三）田间管理

膜上覆土：在马铃薯播种后约 15～18d，即出苗前一周左右，苗距膜面 2cm 前，在地膜上人工或机械覆土 1～2cm，避免地膜表面温度过高而烫苗。同时，覆土后幼苗可以自然顶出，不用人工掏苗。在马铃薯苗高 20cm 左右，进行二次覆土，防止薯块露出见光变绿。

查苗补苗：出苗后及时查苗、补苗，以确保合理密度。

合理灌溉：在马铃薯发棵期、开花期、膨大期灌水 5～6 次，每次每亩灌水 30～40m³。做到灌水不漫垄，并结合灌水注意中耕除草。

促控结合：观察花前有无徒长现象，如有徒长用多效唑进行化控；马铃薯膨大期用马铃薯膨大素进行叶面喷施。

防治病虫：发现病株及时拔除，用杜邦猛杀生预防早疫病，抑快净防治早疫病，地下害虫用高效氯氰菊酯喷雾防治，用可杀得预防环腐病、黑胫病，用杜邦万灵防治蚜虫，用病毒清缓解病毒危害，用杜邦克客和甲霜灵锰锌交替防治晚疫病。

适期收获：当地上的茎叶由绿变黄，叶片脱落，茎枯萎，地下块茎停止生长，并易与薯秧分离，产量达到最高峰时，及时进行收获。对还未成熟的晚熟品种，在霜冻来临之前，应采取药剂杀秧、轧秧、割秧等小法提前催熟，及早收获，以免遭受霜冻造成损失。

三、应用效果

全生育期亩可节水 100m³。

四、适用范围

适用于西北河西走廊河灌区、井灌区、井河混灌区及沿黄灌区。

棉花膜下滴灌水肥一体化技术

一、模式概述

棉花膜下滴灌水肥一体化技术是地膜覆盖、滴灌和水肥一体化管理相结合，将肥料溶于水中，借助管道压力系统输送到田间，通过铺设于地膜下的滴灌管（带）进行灌溉和施肥，适时适量地满足棉花对水分和养分的需求，控制根区盐分积累，实现棉花水肥高效利用。

二、操作要点

（一）播前准备

结合地膜回收进行秸秆粉碎还田，及时深翻，深度 $25\sim30cm$，同时施用基肥，基肥通常包括全部有机肥和 $8\%\sim15\%$ 的氮肥、$20\%\sim30\%$ 的磷钾肥。

一般在前一年 10 月中旬至 11 月中下旬封冻前进行冬灌，补墒压盐。没有进行冬灌或春季缺墒的棉田，在 3 月中旬进行春灌。亩灌水量 $120\sim180m^3$，要求不串灌、不跑水。

播前整地，包括耕、耙、压。应做到表土疏松，上虚下实，地面平整，无残茬杂物。在耙地之前，选择适宜除草剂进行地表喷洒。进行播种机具检查调试，安装好播种、铺管、覆膜等装置，保证正常使用。选用符合 GB13735 要求的地膜，鼓励使用便于回收的高强度加厚耐老化地膜及能够完全降解的地膜。

（二）播种

根据当地气候、土壤条件选择生育期适宜、丰产潜力大、抗逆性强的品种。棉种纯度达到97％以上，净度99％以上，棉种发芽率93％以上，健籽率95％以上，含水率12％以下，破碎率3％以下。机采棉优先选择生育期适宜、第一果枝节位较高、对脱叶剂较敏感、吐絮较集中的品种。

当5cm深度土层地温（覆膜条件下）连续3d稳定通过12℃，且离终霜期天数≤7d时即可播种。播种深度1.5～2.5cm，覆土宽度5～7cm，覆土厚度0.5～1cm。要求播行要直，接幅要准，镇压严实。

1. **株行距** 根据品种、耕作、收获等条件确定株行距。

人工采棉采用膜上宽行距40cm，窄行距20cm，膜与膜之间间距55～60cm，平均行距35cm。小三膜（120～130cm）每幅膜上播4行，加宽膜（200～205cm）每幅膜上播6行，株距9～10cm，亩理论株数约2万株。也可采用膜上宽行距56cm，窄行距28cm，膜与膜之间间距50～55cm，平均行距42cm。大三膜每幅膜上播4行，加宽膜每幅膜上播6行，株距9～10cm，亩理论株数约1.7万株。

机采棉采用小三膜或加宽膜，小三膜每幅膜上播4行，行距分别为10cm、66cm、10cm；加宽膜每幅膜上播6行，行距分别为10cm、66cm、10cm、66cm、10cm，株距9～11cm，亩理论株数约1.8万株。

2. **滴灌管（带）铺设** 滴灌管（带）应平行作物种植方向，一般设置于窄行中或作物行边约5cm处。毛管铺设长度一般50～100m。采用迷宫式、内镶式滴灌管（带）等。

播种、铺管、覆膜一次性完成，压好膜，拉直并连接好滴灌管（带）。在机车停下后拉出一截滴灌管（带）。

（三）田间管理

出苗后及时查苗，放出错位苗，封好放苗孔。早定苗，当第一片真叶平展时一次定苗，每穴留一株，缺苗断垄处留双苗。2叶期至3叶期，旺长棉田可亩用缩节胺0.3～0.5g兑水进行喷雾，控苗旺长，促进根系下扎和早现蕾。4～5片真叶时，长势正常的棉田亩用缩节胺0.5～1.0g，旺长棉田亩用缩节胺0.8～1.2g化学调控一次。

盛蕾期亩用缩节胺2～3g，初花期亩用缩节胺3～5g进行化学调控。注意防治棉叶螨、棉铃虫等病虫害。

在果枝数达到8～10台时应立即打顶。北疆在7月上旬完成打顶，南疆在7月中旬完成打顶。打顶应做到"一叶一心"，漏打率控制在2%以内。打顶后7～10d进行化学调控，亩用缩节胺6～8g，长势正常的棉田化学调控一次；长势偏旺的棉田化学调控两次，间隔期10d左右。旺长棉田应进行人工整枝。

（四）灌溉制度

根据棉花品种需水特性、土壤性质、灌溉条件等确定灌溉定额，按各生育阶段需水规律、降水情况和土壤墒情确定灌水次数、灌水时期和灌水定额，制定灌溉制度。一般全生育期灌水8～12次、亩灌水280～350m³。

苗期土壤水分上下限宜控制在田间持水量的50%～70%，蕾期控制在60%～80%，花铃期控制在65%～85%，吐絮期控制在55%～75%。干播或播后墒情不足的棉田，播种后3～5d每亩滴灌约10m³出苗水。出苗后第一次灌水要充足，每亩灌水量20～3 010m³。开花后棉花对水分需求增加，每次每亩灌水量25～4 010m³，灌水间隔5～7d，最长不超过9d。盛铃期以后灌水量可逐渐减少，8月下旬至9月初停止灌水。如秋季气温偏高，停水时间适当延后。

（五）施肥制度

根据棉花需肥规律、土壤性质、目标产量、生长状况等确定施肥量、施肥时期和养分配比，并与灌溉进行统筹管理。坚持少量多次的原则,采取蕾肥稳施、花铃重施、后期补施的方法,全生育期追肥 8～11 次。注意补充中量元素和锌、硼、锰等微量元素。混合后会产生沉淀的肥料应单独施用,即第一种肥料施用后,用清水充分冲洗系统,然后再施用第二种肥料。棉花主要生育期推荐施肥比例见表 1。

表 1　棉花主要生育期推荐施肥比例

	现蕾—初花 (追肥 2～3 次)	初花—盛花 (追肥 3～4 次)	盛花—吐絮 (追肥 3～4 次)
氮 (N) (%)	20～25	35～45	20～22
磷 (P_2O_5) (%)	13～15	27～30	30～35
钾 (K_2O) (%)	12～15	35～45	23～30

(六) 系统运行和维护

滴灌施肥一般分 3 个阶段进行,第一阶段滴灌清水,将土壤湿润,第二阶段将水肥同步施入,第三阶段用清水冲洗管道系统。施肥前、后滴清水的时间根据系统管道长短、大小及流量确定,一般 30～60min。在灌水器出水口用电导率仪等进行监测,避免浓度过高,产生肥害。

定期巡视管网,检查运行情况,如有漏水应及时处理。严格控制系统在设计压力下运行。定期检查毛管末端的供水压力,通常不低于 0.1MPa。经常检查系统首部和压力调节器压力,当过滤器前后压差大于 0.05MPa 时,应清洗过滤器。定期对离心过滤器集沙罐进行排沙,冲洗管道系统末端积垢,清洗堵头或阀门。冲洗过程中管道要依次打开,不能同时全开,以维持管道内的压力。

入冬前进行管网系统冲洗,打开支管干管的末端堵头,冲洗掉积攒的杂物,排空管道积水,防止低温冻裂。检查水泵进水口处的杂物,清空管道里的水,并对水源处的各阀门进行封堵。将滴灌设备可拆卸的部分拆下,清洗干净并排空残余水后保存,防止杂物进入。拆卸时应注意保护,避免损坏。损坏部件及时更换。第二年连接毛管前，应再次冲洗管网系统。

（七）收获

手采棉田收获时应霜前花、霜后花、落地花、僵瓣花等分收，避免毛发、化纤品等杂物混入。机械采收棉田，在棉花自然吐絮率达到30％～40％，且连续7～10d气温在20℃以上时喷落叶剂，若喷后10h内遇中到大雨应补喷。脱叶率90％以上、吐絮率95％以上时即可机械采收。棉花采收后及时回收滴灌管（带），清除田间残膜。

三、应用效果

可使一般的高产棉田增产7％～12％、中产棉田增产15％～20％、低产棉花产量提高30％。氮肥利用率提高3～6个百分点，磷肥利用率提高7～10个百分点。

四、应用范围

适用于西北内陆及其他干旱区棉花种植。

大豆标准化大垄密植浅埋
滴灌技术

一、概述

大豆标准化大垄密植浅埋滴灌技术是在原来大豆垄三栽培技术基础上改进研发的一项技术，将原来 65cm 的垄改成 110cm 的大垄，将原来的垄上双行改成垄上 4 行，采用宽窄行种植模式，小行距 20cm，大行距 30cm，株距 11～12cm，亩保苗 2.2 万株，在 4 行中间铺设滴灌管，实现植株分布均匀合理，通风透光好，节肥、节药绿色提质增效的目的。

二、技术要点

（一）轮作选茬

与禾本科作物实行 3 年以上轮作，玉米茬、谷子茬、糜子茬最好。

（二）品种选择

选择低于当地无霜期 10d 以上，低于当地有效积温 200℃以上的品种。

（三）种子包衣

可选用 25％克多福种衣剂，按药种比 1∶70 的比例拌种。种子包衣可防治根潜蝇、根腐病、地下害虫，并补充微量元素肥料。

（四）灭茬整地、增施农家肥

在 4 月初进行灭茬整地。结合整地每亩施腐熟农家肥 $2m^3$，均匀施入田间。

（五）化学除草

用 48％氟乐灵乳油土壤处理，每亩用 150～200ml，兑水 20kg，于地表均匀喷雾，然后立即混土，防止药液挥发。施药 5～7d 后方可播种，可在灭茬前喷药，然后结合灭茬进行混土，或者合垄前喷药，结合合垄进行混土。氟乐灵杀草谱广，对下茬玉米安全。苗期喷药，可用 15％精喹禾灵 20ml＋10％乙羧氟草醚 30ml，兑水 30kg 喷雾，对下茬无药害。

（六）机械精播

在 5 月 5～15 日播种，用精密免耕大豆播种机进行精量播种，一次完成播种、深施底肥、铺设滴灌管作业。播后及时滴水。

（七）灌水施肥

遇旱应及时灌水，特别是 6、7 月份，大豆开花期和结荚期，一定不要缺水。在大豆花荚期，喷施叶面肥，每亩用 20ml 云大120＋尿素 0.4kg＋磷酸二氢钾 0.15kg，兑水 30kg 叶面喷雾。做好病虫害防治工作。

（八）收获

在 9 月下旬，大豆落叶后即可收获。收割后要及时脱粒，减少大豆食心虫继续危害，并可减少火灾，达到颗粒归仓。

三、应用效果

比常规措施增产 50％以上，种植亩节水 $60m^3$。

四、适用范围

适用于东北西部和内蒙古东部大豆种植区。

华北季节性休耕区大豆一年一熟节水技术模式

一、概述

10月中旬至翌年5月上旬休耕，5月中旬至6月下旬等雨趁墒播种，一般年份全生育期浇水1次，亩灌水40~50m³。

二、技术要点

（一）选择适宜品种

根据不同区域的自然条件和种植水平，合理选用适宜的国家或省级审定大豆品种。注意选用高产、抗病性好、适合机械化收获的大豆品种，如冀豆12、冀豆17、冀豆19、冀豆23、五星4号、沧豆6号、沧豆10号、邯豆8号、邯豆9号、邯豆11、石豆4号、石豆8号、农大豆2号等。

（二）提高播种质量

大豆获得高产的关键是苗全苗壮。有条件的地方可免耕精量播种。选用播种、施肥、镇压一体机播种，提高播种质量。等雨播种或浇水造墒后播种，沙质土壤可浇蒙头水。一般亩用种量4~6kg，亩留苗密度1.3万~1.7万株（行距40~50cm）。播种时一次性施足基肥，每亩侧深施肥（施用大豆专用肥10~25kg）。肥料施在种子侧下方4~6cm处，以防止肥料与种子同位，影响种子出苗。此外，要根据种子发芽率状况及时调整播种量。

1. **播种时间** 大豆一般要在5月中旬至6月下旬播种完毕。

过早播种易遇低温影响出苗，并且病虫害容易发生；过晚播种则影响产量，收益降低。

2. **播前准备** 推荐旋耕播种：用旋耕犁对地表 10～15cm 进行旋耕，再通过耙耱作业，达到播种标准进行播种。

3. **精选种子** 大豆精播对种子要求较高。一定要去除霉粒、病粒、半粒、破皮籽粒，发芽率 95％以上。

4. **播种机调试** 按农艺要求调整株行距和播量，做好单口流量试验，确保播种量准确。整播种深浅，一般播深 3～5cm。按施肥要求调整播肥器，确保播肥数量，肥料播在种子侧下 4～6cm 处，防止肥料与种子同位，影响种子出苗。

（三）科学调控肥水

黑龙港地区大部分大豆田土壤有机质含量较低，要适当增施磷、钾肥，少施氮肥，推荐使用大豆根瘤菌拌种。对于前期长势旺、群体大、有徒长趋势的田块，可在初花前开展化控防倒，如喷施多效唑、缩节胺、矮壮素等抑制剂 1～2 次，可控制地上部生长，促进根系生长。在施足基肥的基础上，大豆花期前后如未封垄，每亩追施大豆专用肥或复合肥 10kg 左右。花荚期降雨集中且时间较长时，应及时开沟排涝防渍，遇干旱应及时浇水（掌握"无风快浇，风大停浇"的原则），促进开花结荚，增加单株粒数和百粒重。大豆生长中后期可喷施磷酸二氢钾、叶面肥、水溶肥等，防止植株早衰，增加粒重。

（四）防治病虫草害

优先选用黑光灯、性诱剂、粘虫板及食诱剂等"四诱"技术开展绿色防控，压低虫源基数。重点做好红蜘蛛、蚜虫、造桥虫、卷叶螟、点蜂缘蝽等害虫防治。点蜂缘蝽发生逐年加重，可造成大豆大幅度减产甚至绝产，应在大豆盛花期开始防治，每天 1 次，防 2～3 次。点蜂缘蝽有迁飞的习性，应连同地边周围杂草、树木一并防治。

化学除草是目前大豆田杂草防除的主要手段，是大豆轻简化栽培的一项重要措施。由于大豆对许多化学除草剂非常敏感，应选用适宜的高效低毒除草剂，并严格按照说明书推荐剂量使用，避免造成当季大豆药害或影响后茬作物生长。

（五）适时收获

大豆完熟后及时收获，大豆收获期一般在 9 月下旬至 10 月上旬，叶片全部脱落、籽粒归圆呈本品种色泽、含水量低于 16% 时，进行机械收获。收割机应配备大豆收获专用割台，或降低小麦等收割机割台的高度，一般割台高度不超过 17cm，降低拨禾轮转速以减轻拨禾轮对植株的击打力度，减少落荚、落粒损失。正确选择和调整脱粒滚筒的转速与间隙，脱粒滚筒转速的选择应以脱净及不堵塞为原则，脱粒间隙应在保证分离出的豆秆中不夹带籽粒的前提条件下越大越好，以降低大豆籽粒的破损率。如果收获前大豆田杂草较多，可人工拔除大草，也可提前一周使用化学除草剂除草。机收时应避开露水，防止籽粒黏附泥土，影响品质。

（六）注意事项

防止重茬：据研究，大豆重茬 1～4 年比正茬分别减产 10.2%、15.9%、23.7%、39.4%。因此，大豆要防止重茬种植，注意合理轮作倒茬。

注意播种细节：播种机行走 10～20m 后，停车观察播种深浅、种子分布、覆土镇压情况及施肥情况，发现问题及时排除。匀速驾驶，播种速度不易过快，一般播速每小时 4～8km，行走过快播种质量大幅度下降。

后期拔除田间大草：大豆生长后期，田间常有蓖麻、苋菜、灰菜等大草生长，与大豆争夺养分与阳光，影响大豆的正常成熟，应及时拔除。

三、应用效果

与常规技术相比，亩均节水 30～50m³，亩均增产 10％以上。

四、适用范围

适用于华北地下水严重超采的季节性休耕区。

旱地花生地膜覆盖技术

一、概述

覆盖地膜具有明显的保墒提墒作用，花生地膜覆盖是花生产区农民增产、增收的主要措施之一。该模式采用垄作覆盖的方式，垄上覆盖薄膜，每垄上种两行花生。花生地膜覆盖的覆膜方式分机械覆膜和人工覆膜两种。机械覆膜包括两种作业方式：一是一次性完成起垄、施肥、播种、合垄、作畦、打药和扣膜作业；二是仅完成做畦、打药和扣膜作业。人工覆膜生产流程为起垄、施肥、合垄、作畦、打药和扣膜。

二、技术要点

（一）品种选择

应选用生育期适宜、抗旱、抗病、耐熔薄、节水高效型，经过国家或省级审定推广的花生品种，如鲁花 12、鲁花 13、唐油 4 号、阜花 10 号、阜花 11、辽花 2 号等。

（二）茬口安排与选地

种花生最好是生茬，忌重茬，也忌迎茬，较好的前茬作物是粮谷、蔬菜、甘薯和棉花等。要求地势平坦、灌排方便、活土层深厚、耕作层疏松、含钙质和有机质多的沙质壤土或轻沙壤土，潮土、棕壤土、褐土、沙土或较缓的山坡地。但不宜安排在土壤黏重的地上或盐碱地、涝洼地上。

（三）主要栽培技术

1. **整地和施肥** 耕翻最好在春季进行，每隔 3～4 年 1 次，深度在 25～30cm 之间，随后耙地（镇压）、耢地，并使土表平整，防止水分散失，不耕翻的土地在春季除净残茬，起垄、合垄，平整好地表。

施肥原则是以有机肥为主、化肥为辅，一般要求每亩施用有机肥 3 000～5 000kg，在深翻地前一次施入，不深翻的地先起垄，将有机肥施在垄沟内，之后合垄。不起垄开沟直接播种的，可将有机肥施在播种沟内。

2. **作畦覆膜** 畦上宽 60～65cm，畦底宽 85～90cm，畦间距 30cm，畦高 10～12cm，膜宽 90～95cm，厚度 0.005mm。覆膜前喷施除草剂。

3. **种子精选与种子处理** 在播前选择晴朗天气，在上午 10 时到下午 16 时之间，带壳顺晒，晾晒过程中要经常翻动，力求晒得均匀一致，晾晒 1～3d 即可。花生种子剥壳时间离播种期越近越好。剥壳后应把杂种、秕粒、小粒、破碎粒、感染病虫害和有霉变特征的种子拣出。根据当地经常发生的病虫害，选用适宜的药剂和种衣剂，严格按药品说明拌种。

将种子浸入 30～40℃温水中，浸 3～4h 后置于 25～30℃的室内，保温、保湿、通风，36～48h 后选芽播种。催芽后遇雨不能播种，应将种子摊放于阴凉通风处，抑制芽的生长。

4. **播种期的确定** 花生播种要求的地温条件是：5d 内 5cm 地温平均稳定通过 12℃以上。花生一般要求适期早播，因此，覆膜花生最好在大田播种后马上起合垄作畦，等雨覆膜，无雨适期造墒覆膜。

5. **播种密度** 大行距 50～60cm，小行距 35～40cm，株距 0.15～0.17cm，每亩保苗 18 000～20 000 株。

6. **播种技术**

（1）抢墒播种。 在适播期内遇有小雨，待雨后土壤墒情适宜时，及时抢播。

(2) 提墒播种。 在土壤底墒较足，表层干土层较薄时采用的方法。在播种前一天的下午，用磙子全面镇压一遍，使湿土层充足的水分借助毛细管上升，可使表层水分提高，第二天进行播种。

(3) 造墒播种。 当 0～10cm 土壤含水量低于 12％，适播期后期仍无有效降雨，这时就要进行造墒播种。造墒播种有人工和机械两种方法。

人工方法：挖 6～7cm 深的播种坑，每个播种坑中灌水 0.1～0.2kg（坐水），可在播种坑中加施底肥。将浸好的种子逐坑点播、覆土、镇压，也可在播种的同时进行地膜覆盖。

机械方法：用抗旱坐水播种机，开沟、注水、播种、施肥、覆土一次完成；或用抗旱坐水覆膜播种机，一次完成开沟、注水、播种、施肥、覆土、覆膜等工序。

7. 田间管理

(1) 查田补苗。 播种后 10～15d（出苗后 3～4d），花生苗基本出齐后，要及时进行查苗补苗。

(2) 追肥。

①根际追肥。花生始花期每亩追施尿素 10～15kg，或花生专用肥 10～20kg，在花生垄旁条施后覆土。

②叶面追肥。用 1％的磷酸铵或 0.2％的磷酸二氢钾水溶滤每亩 50kg，或 0.03％叶绿宝 60～75kg，连续喷施 2～3 次，每次间隔 7～10d。

(3) 培土迎针。 畦间距有草要及时铲除，花生进入盛花期，少数果针已入土大批果针入土前，培土迎针，以"穿垄沟不伤针、高培土不压蔓"为标准。

8. 灌溉

在花生需水关键时期进行补充灌溉，灌溉次数为 2～3 次，分别在播种出苗期、开花至结荚期。严重干旱时要根据具体墒情状况进行灌溉。

9. 化学调控

无灌溉条件或水源亏缺情况下，可选用部分抗旱剂进行化学调控。

10. 清除地膜防止污染　花生收获前 15d 人工顺垄揭除地膜，带出田外，结合花生收获时，将地里残膜拣净，避免田间白色污染。

11. 适时收获

三、应用效果

花生地膜覆盖提高了花生产量，提高了经济效益。花生地膜覆盖亩产可达 300～400kg，较裸地花生增产 30%～40%。

四、适用范围

适用于东北一熟旱区，如辽宁、吉林、内蒙古等省份。

华北季节性休耕区花生一年一熟节水技术模式

一、概述

4月下旬至5月上中旬春播，5月下旬至6月上中旬夏播，等雨趁墒播种，一般年份全生育期浇水1次，亩灌水 $40\sim50m^3$，有条件的地方，提倡采用水肥一体化技术，减少浇水量。

二、技术要点

(一) 选用良种

各地应根据土壤、气候、市场等条件，鼓励选择高油、高油酸、高蛋白、适宜烘烤等优质专用品种，逐步满足油用、食用、出口等不同用途对花生品质的差异化需求。春播花生或春播地膜覆盖花生宜选择生育期在125d左右的优质专用型中大果品种，如冀花13、冀花16和冀花19等。夏直播花生宜选择生育期在115d以内的优质专用型中小果品种。夏播花生应选择光热利用效率高、产量潜力大、综合抗性好的早熟品种，如冀花11、冀花9号和冀花10号等。在选择品种时，还要注意品种抗性与当地旱涝、病虫等灾害发生特点相一致。机械化收获水平较高的产区，应选择结果集中、成熟一致性好、果柄韧性较好、不易落果、适宜机械化收获的品种。

(二) 精细播种

1. **适宜播期** 春播露地大花生播期应掌握在连续5d 5cm地温稳定在17℃以上、小花生播期要求稳定在15℃以上，一般在4月下旬至 5 月上旬，春播覆膜花生 4 月 20～25 日播种；夏播花生播期一般不晚于 6 月 20 日。高油酸花生春播适宜播期应比同类型普通品种晚 3～5d。

2. 适宜播量 一般春播大花生双粒亩播 1.0 万穴左右，小花生双粒亩播 1.1 万穴左右，单粒亩播 1.4 万～1.5 万粒；夏播小花生双粒亩播 1.1 万～1.2 万穴，单粒亩播 1.6 万～2.1 万粒。

3. 药剂拌种 播种前 10～15d 剥壳，剥壳前可带壳晒种 2～3d，剔出霉变、破损、发芽的种子，按籽粒大小分级保存、分级播种。播种前已剥壳的种子要妥善保存，防止吸潮影响发芽率。选择合适的药剂进行拌种，拌种要均匀，随拌随播，种皮晾干即可播种，有效防治根茎腐病等土传病害和蛴螬、蚜虫等虫害。

（三）科学施肥

花生施肥的总原则是增施有机肥，有机无机结合、速效缓释结合，因地巧施功能肥。酸性土壤可施用石灰或生理碱性含钙肥料；连作土壤可增施石灰氮、生物菌肥等；肥力较低的砾质沙土、粗沙壤土和生茬地增施花生根瘤菌肥，增强根瘤固氮能力；花生高产田增施微生物肥料，促进土壤养分有效释放。可通过施用有机肥料和微生物肥料，减少化肥用量，提高化肥利用率。花生播种时每亩施用 N5～6kg、P_2O_5 6～8kg、K_2O 2～3kg 做种肥，施肥深度 10cm 左右。始花期，随浇水或降雨每亩追施 N3kg、CaO 1～6kg。始花后 30～35d，每亩叶面喷施 0.2%～0.3%的磷酸二氢钾水溶液30～40kg，每隔 7～10d 喷施 1 次，连喷 2～3 次。

（四）科学浇水

足墒播种的春花生和夏花生，幼苗期一般不需浇水，适当干旱有利于根系发育，提高植株抗旱耐涝能力，也有利于缩短第一、二节间，便于果针下扎，增加饱果率。生育中期（花针期和结荚期）是花生对水分反应最敏感的时期，也是一生中需水量最多的时期，此期干旱对产量影响大，当植株叶片中午前后出现萎蔫时，应及时浇水。生育后期（饱果期）遇旱应及时小水轻浇润灌，防止植株早衰及黄曲霉菌感染。浇水不宜在高温时段进行，且要防止田间积水，否则容易引起烂果，也不宜用低温井水直接灌溉。

（五）放苗清枝

覆膜花生膜上覆土的，当子叶节升至膜面时，及时将播种行上方的覆土摊至株行两侧，余下的土撒至垄沟。膜上未覆土的幼苗不能自动破膜时要及时人工破膜放苗，尽量减小膜孔。自团棵期（主茎 4 片复叶）开始，及时检查并抠出压埋在膜下的横生侧枝，使其健壮发育，始花前需进行 2～3 次。

（六）中耕除草

露栽花生播种覆土后用乙草胺喷施地面。当花生接近封垄时，在两行花生间穿沟培土，培土要做到沟清、土暄、垄腰胖、垄顶凹，以利于果针入土结实。

（七）合理化控

当植株生长至 30～35cm 时，对出现旺长的田块用烯效唑等生长调节剂进行控制，要严格按使用说明施用，喷施过少不能起到控旺作用，喷施过多会使植株叶片早衰而减产。于上午 10 时前或下午 15 时后进行叶面喷施。

（八）病虫害绿色防控

优先选用黑光灯、性诱剂、粘虫板及食诱剂等"四诱"技术控制虫害，压低虫源基数。防治花生蛴螬等地下害虫可选用白僵菌、绿僵菌、阿维菌素等生物制剂。防治叶斑病等病害可选用高效低毒杀菌剂。

（九）适期收获，安全贮藏

收获、干燥与贮藏是花生生产最后的重要环节。生产上一般在植株由绿变黄、主茎保留 3～4 片绿叶、大部分荚果饱满成熟时及时收获，具体收获期应根据天气情况灵活掌握。收获后应尽快晾晒或烘干干燥，使荚果含水量降到 10％以下。注意控制贮藏条件，防治贮藏害虫的危害，防止黄曲霉毒素污染的发生。

三、应用效果

与常规技术相比，亩均节水 30～50m³，亩均增产 10％以上。

四、适用范围

适用于华北地下水严重超采的季节性休耕区。

华北季节性休耕区高油酸花生一年一熟节水技术

一、概述

高油酸花生具有较长的种子贮藏期和商品货架期以及较强的保健功效，其产品附加值远高于普通花生。一年一熟制高油酸花生生产利用季节性休耕实施带来的宽松播期条件，能够更好地利用雨热同季的农业自然资源，在节水的同时生产出优质的高油酸花生。该技术冬季一季休耕，春、夏等雨趁墒播种高油酸花生，全生育期浇水1次，有条件的地方可采用水肥一体化技术。该技术模式与传统的小麦—玉米一年两熟栽培相比，能够减少农业用水，提高品质，增加收益。

二、技术要点

(一) 选用良种

选用国家审定的高油酸花生主导品种，如冀花13、冀花16、冀花18、冀花19等。

(二) 适期播种

1. 种子处理　播种前10～15d晒荚果2～3d，晒好的荚果在播种前几天再剥壳，按籽粒大小分级保存、分级播种。可进行药剂拌种或选用包衣种子。用多菌灵可湿性粉剂按种子量的0.3%～0.5%拌种，能有效防治烂种、根腐病、茎腐病等。用种子量的0.2%的50%辛硫磷乳剂拌种可防治地下害虫。包衣或拌种要在播种前一天进行，或上午拌种下午播种，拌种或包衣的种子于阴凉通风处晾干再播种。

2. 适宜播期 春播高油酸花生播期应掌握连续 5d 5cm 地温稳定在 18℃以上，一般在 4 月下旬至 5 月上旬，采用地膜覆盖栽培；夏播高油酸花生播期一般不晚于 6 月 20 日。

3. 合理密植 高油酸花生采用穴播，每穴 2 粒，播深 3～5cm，沙土地稍深，黏土地稍浅，播种覆膜机械一体化（夏播花生不覆膜）。一般春播花生每亩适宜密度为 1.0 万～1.1 万穴，夏播花生每亩适宜密度为 1.1 万～1.2 万穴。穴行配置（15～16.5）cm×（33～40）cm。大花生亩用种量为 25kg 荚果，小花生亩用种量为 22.5kg 荚果。

（三）科学肥水

1. 浇水 足墒播种的春花生和夏花生，幼苗期不需浇水，适当干旱有利于根系发育，提高植株抗旱耐涝能力，也有利于缩短第一、二节间距，便于果针下扎，增加饱果率。生育中期（花针期和结荚期）是花生对水分反应最敏感的时期，也是一生中需水量最多的时期，此期间干旱对产量影响大，当植株叶片中午前后出现萎蔫时，应及时浇水。

2. 施肥 高油酸花生施肥以有机肥为主、化肥为辅，基肥为主、追肥为辅。由于花生生长前期根瘤数量少、固氮能力弱，而中后期果针已入土、不宜施肥，因此施足基肥很重要。一般亩施优质有机肥 2 000～3 000kg，花生专用肥 30～40kg，硼肥 1kg。花生在施足基肥的基础上，一般不需要追肥，对于露地花生或基肥不足的地块，可视苗情在苗期或花针期适当追肥，亩施专用肥 10～15kg，结合中耕培土和浇水时施入。始花后 30～35d，每亩叶面喷施 0.2%～0.3%的磷酸二氢钾水溶液 30～40kg，每隔 7～10d 喷施 1 次，连喷 2～3 次。

（四）放苗清棵

覆膜花生一般在播后 10d 左右顶土出苗，出苗后要及时开孔放苗。清棵就是在花生基本齐苗时，将幼苗周围的表土扒开，使子叶露出地面，这项操作可以起到蹲苗、促根生长、清除根际杂草等作用。清棵深度以子叶出土为度，不宜过深。

（五）中耕除草

花生株丛矮，又有阴雨天小叶闭合的习性，因此与杂草竞争能力不强，易形成"草荒"。高油酸花生生长期间中耕 3～4 次：第一次在齐苗后结合清棵进行；第二次在团棵时进行；最后一次在下针、封垄前进行。高油酸花生播后出苗前，用乙草胺、异丙甲草胺等喷洒地表可有效防除杂草滋生。

（六）合理化控

在高油酸花生盛花期的后期，对株高超过 35cm 的有旺长趋势的田块，每亩用 25％多效唑 50g 兑水 50～75kg，进行叶面喷施，可抑制茎叶生长，防止倒伏。于上午 10 时前或下午 15 时后进行。

（七）病虫害防治

高油酸花生病虫害主要有褐斑病、黑斑病、根腐病、蛴螬和蚜虫，应该首先做好农业防治，配合进行药物防治。使用 50％多菌灵可湿性粉剂 1 500 倍液，或 50％甲基托布津可湿性粉剂 2 000 倍液防治花生褐斑病和黑斑病。使用 70％甲基托布津可湿性粉剂 500～800 倍液或 40％甲基立枯磷 600 倍液灌根防治根腐病。使用 40％毒死蜱乳油加 4.5％高效氯氰菊酯乳油 30ml 喷雾防治蛴螬。使用 80％敌敌畏 75～100g，加细土 25kg 或麦糠 7.5kg，加水 2.5L 拌均匀，顺花生垄沟撒施，利用高温熏蒸防治蚜虫。

（八）适期收获

一般在植株由绿变黄、主茎保留 3～4 片绿叶、大部分荚果饱满成熟时及时收获，具体收获期应根据天气情况灵活掌握，春播高油酸花生一般在 8 月下旬至 9 月中旬，夏播 9 月底到 10 月中旬收获。南部收获稍早，北部收获稍晚。收获后应尽快晾晒或烘干，使荚果含水量降到 10％以下。贮藏场所要保持通风，保证安全贮藏。

三、应用效果

该技术模式比传统的小麦—玉米一年两熟模式每亩节水150m³，增收 20％以上。

四、适用范围

适用于河北省中南部季节性休耕区高油酸花生生产。

谷子渗水地膜精量穴播技术

一、概述

　　该技术是在地膜覆盖的基础上，运用机械进行穴播，发挥地膜覆盖的增温保墒作用，可使雨水下渗又能防止雨水蒸发，又提高种植的机械化程度和田间管理效率。可以起到省工、节水、省籽、保苗的作用，保证了播深一致、出苗整齐、苗匀苗壮。该技术涵盖了农业新品种、新产品、新工艺，不仅实现了良种良法配套，还形成了农机与农艺的有效结合，铺膜播种一次完成，是旱地变"水地"的现代农业种植新模式。

二、技术要点

（一）播前准备

　　选用地势较为平坦、地块较大、土层深厚、土质疏松、中上等肥力、保肥保水能力较强的地块，避免重茬，豆科作物、马铃薯前茬为佳。

　　秋季整地：前茬作物收获后及时灭茬，深耕翻土，耕后要及时耙耱保墒，做到土壤细碎，地面平整。对前茬没有地膜覆盖的谷子地，要求机械化秸秆粉碎长度小于 10cm，再深耕 25～30cm 将粉碎后秸秆埋入土壤。

　　春季整地：前茬是地膜覆盖的旱地地块，秋季不耕地，到春季播种前 1～2d 耕地，耕后及时耙耱镇压。

　　每亩施优质农家肥 1 500～2 000kg 和相当于氮（N）12～15kg、磷（P_2O_5）6～8kg、钾（K_2O）3～5kg 的化肥，在整地前

施入。

地下害虫危害严重的地块，春季整地时每亩用40％辛硫磷乳油0.5kg加细沙土30kg，拌成毒土撒施。杂草危害严重的地块，整地后用50％的乙草胺乳油兑水全地面喷雾。土壤含水量大、温度高的地区，每亩用乙草胺乳油50～70g，兑水30kg；冷凉地区用乙草胺乳油150～200g，兑水40～50kg。

选择适宜生态区的优质高产品种，选用精选加工包衣的种子，种子质量符合GB 4404.1和GB/T 15671。当农户自留种子时，种子应选用适当方法清选。对普通农户，先用簸箕风选，清除瘪谷种、草籽、杂质等，再倒入适量10％的盐水精选，充分搅拌后漂净盐水上层瘦瘪谷种、草籽和杂质等，然后捞出底层饱满谷种，用清水洗2～3遍并晾干。对大型基地，可用谷种清选机清选，并在晴天摊晒2～3d。

选用不同药剂拌种，防治相应病种。白发病易发地区，可用35％甲霜灵（又名瑞毒霉）拌种剂或25％甲霜灵可湿性粉剂，按种子重量的0.2％～0.3％拌种。黑穗病易发地区，可用40％福·拌可湿性粉剂或50％多菌灵可湿性粉剂，按种子重量的0.2％～0.3％拌种。白发病和黑穗病混发地区，可用35％甲霜灵拌种剂和40％福·拌可湿性粉剂，按1∶2或2∶1比例混配，并按种子重量的0.3％拌种；或用甲霜灵（35％甲霜灵拌种剂或25％甲霜灵可湿性粉剂）和50％克菌丹，按1∶1比例混配，并按种子重量的0.5％拌种。

选择符合GB 13735聚乙烯吹塑农用地膜覆盖薄膜质量标准的渗水地膜，一膜种植4行应选择幅宽1 650mm的渗水地膜。采用一膜4行波浪形沟穴播种植模式，牵引动力22.05～32.34kW（30～44马力），修整与模式相配套的能够完成谷子精量沟穴播并形成波浪形微地形的宽幅渗水地膜2MB-1/4铺膜穴播机。

（二）覆膜播种

当5cm地温稳定通过10℃时，在无霜期较短（110～125d）的地区可以开始播种，在无霜期较长（125～180d）的地区可结合农时（小满前后 5 月中下旬）播种。播期原则：冷凉区旱地抢墒重于抢时；温热区宜晚不宜早；在同一生态区生育期长的品种宜早播，生育期短的品种宜晚播；当遇到持续干旱可采取干播法等雨。每亩播种量 0.20～0.30kg，单穴播种量 7～10 粒。

使用 22.05～29.40kW（30～40 马力）拖拉机牵引谷子专用2MB-1/4 铺膜覆土播种机，一次性完成探墒开沟、铺膜、打孔、精量穴播、覆土、镇压。

播种：渗水地膜每亩用量 3.5～4.5kg，膜间距控制在 30～40cm。播种器的穴距 20～25cm，行距 35～50cm，条带间距 40～50cm。高水肥旱地每亩种植密度 7 000～7 500 穴，中水肥旱地每亩种植密度 6 500～7 000 穴，低水肥旱地每亩种植密度 5 000～6 000穴。

覆土与镇压：覆土厚度为 3～5mm。土壤黏重、墒情好的宜薄，墒情差、质地轻的宜厚。

（三）生育期管理

膜孔发生错位造成出苗不畅时，需要人工辅助放苗。

2 叶 1 心期，穴出苗率达到 75％以上时不需要补苗，穴出苗率小于 75％时需人工补种。

病害主要防治锈病和谷瘟病。针对谷子锈病，病叶率达 1％～5％时，可用 15％的粉锈宁可湿性粉剂 600 倍液进行第一次喷药，隔 7～10d 后酌情进行第二次喷药。针对谷瘟病害，可用敌瘟磷（克瘟散）40％乳油 500～800 倍液、或 50％四氯苯酞（稻瘟酞）可湿性粉剂 1 000 倍液、或 2％春雷霉素可湿性粉剂 500～600 倍液等。防治叶瘟在始发期喷药，防治穗颈瘟可在始穗期和齐穗期各喷药 1 次。

钻心虫害每 1 000 株谷苗有卵 2 枚时，喷洒触杀性杀虫剂（浓度依据药品说明书配置）。

出苗 10～15d（谷苗 3～5 叶）后，于晴朗无风天气喷施专用除草剂（浓度依据药品说明书配置），并确保药剂不飘散到其他作物。

（四）收获

籽粒变硬、成熟、断青，全穗已充分成熟，及时收获。

生产档案记录谷子品种及农药、化肥、除草剂等的品名、用量、施用时期等以备查阅。

三、应用效果

与普通地膜比较，渗水膜可大大提高光温利用率，旱地覆盖的增产幅度可比普通地膜高 30％以上，再运用高产栽培技术模式，旱地天然降水利用率可提高到 60％以上。

四、适用范围

适用于北方半干旱谷子种植区。

油葵谷子轮作节水种植模式

一、上茬油葵栽培技术要点

（一）选用良种

选用丰产性好、出油率高、抗病性强的适宜本地栽培的杂交一代种子，如美国矮大头 GC678、567DW、667DW 等。其中矮大头 GC678 春播生育期 84d 左右，矮大头 567DW 春播生育期 93d 左右，矮大头 667DW 春播生育期 93d 左右。

（二）选地与整地

1. **选地**　油葵对土壤的要求不高，各种土壤上均可种植，肥力水平中等以上的砂壤或壤土，有利于油葵的根系发育，为其高产提供良好的水肥气热等条件。故切忌在低洼、易涝地种植。

2. **选茬**　应避免重茬，注意轮作倒茬。连作田病虫害严重，尤其霜霉病、菌核病发生严重，造成植株矮小，花盘小，易早衰，空秕粒多，造成减产甚至绝收，品质下降。

3. **整地**　精细整地，适当深翻，尽量做到"松、平、齐、碎、净、墒"六字标准。耕翻深度一般为 13～25cm，在此范围内耕地越深增产越多。根据地力情况，每亩施农家肥 2～3m³，亩施专用肥 50kg 左右。

（三）播种

1. **播种时间**　油葵耐低温性很强，在保证能出苗情况下尽量早播。地膜覆盖在 3 月 10 日左右进行。3 月 5 日以前播种与 3 月 10 日播种，幼苗发育没有明显的区别，但 3 月 5 日以前播种的后期有早衰现象，也存在播种过早，气温变化无常，若遇长时间低温，易造成烂籽缺苗，所以应在 3 月 10 日左右播种。

2. **种植密度**　一般采用等行距种植，行距 60cm，或者大小行种植，行距 70cm、40～50cm，株距 30cm 左右。根据土壤情况，地力好的每亩适宜密度为 3300～3700 株，地力差的每亩适宜密度为 3 500～4 000 株。

3. **播种方式**　播种方法以点播为好。为节约用种，可采用单双粒隔穴播种。点播用种量为每亩 400～500g，播种宜浅不宜深，一般掌握在 3～5cm，墒情好时播深 3cm，墒情差时播深 5cm。土壤墒情差时可点水播种。

（四）田间管理

1. **及时查苗补苗，确保全苗**　油葵是双子叶作物，子叶大，出苗比较困难，尤其是整地质量不好、天气干旱少雨时，易造成缺苗。点播时可在行间播种备用苗，缺苗时及时移苗补栽，补苗后立即浇水。

2. **间苗与定苗**　当油葵第一对真叶展开时进行间苗，第二或第三对真叶展开时进行定苗。

3. **中耕除草培土**　油葵生育期内要进行 2～3 次中耕除草，第一次中耕结合间苗进行，第二次中耕定苗一周后进行，第三次中耕在封垄前进行，并结合中耕进行培土，培土高度 10cm，以促进油葵根深叶茂，防止倒伏。

4. **打杈、打叶**　有些品种在花盘形成期，中上部的腋芽会长出分枝，虽然也能长出花盘，但通常花盘小，籽粒不饱满，还会影响到主茎花盘的发育。要及时摘除分枝，促进主茎花盘的生长。对于叶片有病斑发生的，以及下部的老叶、黄叶要及时摘除，以利于通风透光。

5. **人工授粉**　油葵属异花授粉作物，大面积种植一般采用放养蜜蜂授粉。面积小的可采用人工辅助授粉。具体做法为：在开花授粉期，将相邻的一对花盘对在一起轻轻搓一下，每隔 2～3d 进行

1 次，一般 2～3 次。授粉在上午 10～11 时效果最好。

（五）肥水管理

油葵对肥料的吸收前期较少，后期较多。春播油葵在施足基肥的情况下，一般不需要追肥。播种时没施基肥的，可在 7～8 对真叶时开沟追施氮钾肥，亩施尿素 8kg 加氯化钾 15kg。施肥深度 10cm 左右。

油葵生长前期需水量小，抗旱能力强，宜进行蹲苗以促进根系生长。地表积水时，应及时排水，防止烂根死亡。在现蕾至开花前，如遇到旱情，应及时浇水。

（六）适时收获

6 月底 7 月初，油葵成熟后要及时收获。收获适宜期为植株茎秆变黄，叶片大部分枯黄、下垂或脱落，花盘背面变成黄褐色，舌状花瓣干枯脱落，果皮变坚硬时。收获后要及时摊开晾干，防止霉变。

（七）病虫害防治

1. **虫害**　油葵苗期虫害主要是地老虎和象鼻虫。春播油葵棉铃虫发生危害轻，一般不用防治。防治地老虎的方法是撒毒土。防治棉铃虫要以物理防治和生物防治为主，化学防治为辅。物理防治宜采用杀虫灯诱杀害虫。

2. **病害**　病害重点是菌核病和黑斑病。菌核病又称烂盘病，在幼苗至开花期都能发病。黑斑病在叶、叶柄和茎上形成黑斑。

防治方法：①合理轮作。最好与禾本科作物进行 3 年以上轮作倒茬。②发现病株要及时摘除病叶或拔除病株，运到田外集中销毁。③使用杀菌剂。

二、下茬谷子栽培技术要点

(一) 选用良种

选择能化学除草、化学间苗、省工省时，并且米质好、抗病、高产，适宜本地栽培的谷子品种，如冀谷 39、冀谷 41、特早 1 号、张杂谷 8 号等。

(二) 整地

油葵收获后及时灭茬整地播种或贴茬播种谷子。如果墒情太差不能保证出苗时，可以浇小水造墒。

(三) 播种

1. **拌种** 播种前选用适宜药剂拌种，重点防治线虫病和白发病，拌种后闷种 4h 即可播种。

2. **播期** 6 月 15～25 日及时播种谷子，最晚不晚于 7 月 10 日。

3. **播量** 冀谷 39、冀谷 41 亩播量 0.9～1.1kg，张杂谷 8 号、特早 1 号亩播量 0.4～0.5kg。为保证下籽均匀，播种时可掺一部分死谷。

4. **播种方式** 采用等行距播种方式，行距 40cm。播后及时镇压，让谷粒与土壤充分接触。

(四) 田间管理

1. **喷施封闭型除草剂** 播种后 3d 内及时喷施谷田封闭型除草剂"谷友"，每亩用量为 120g，兑水 50kg，均匀喷洒于地表。如果田间已有杂草，可掺入百草枯。

2. **补苗移栽** 谷子出苗后发现断垄，可用温水浸泡或催芽的种子进行补种。如果谷苗长大仍有缺苗，需要进行移栽，以保证全苗。

3. **喷施间苗剂** 谷苗 3～5 叶期（出苗后 10～15d），于晴朗无风天气喷施专用配套的间苗剂。间苗剂既可用于间苗，又可防治尖叶杂草和谷莠子，所以垄上垄背都要喷。每亩用量为100ml，兑水30～40kg。注意药剂不要飘散到其他作物或其他谷田。冀谷39、冀谷41如果因亩播量少或墒情差等原因导致出苗较少或者出苗不均匀时，苗少的部分则不喷间苗剂，进行人工间苗。张杂谷8号、特早1号无论苗多少都要喷间苗剂。如果播种量过大，喷施间苗剂后苗仍较多，不要再喷第二次，应进行人工间苗。冀谷39、冀谷41每亩留苗密度为3万～4万株，张杂谷8号、特早1号每亩留苗密度为2万～2.5万株。

4. **中耕**　谷子进入拔节期，营养体开始旺盛生长，穗分化即将开始进行。此时要进行中耕，增加土壤的通透性，结合深中耕要进行培土。促进根系生长，提高谷子吸水吸肥能力，提高产量，防止倒伏。

（五）肥水管理

苗期每亩追施专用肥20～25kg，抽穗前每亩追尿素10～15kg。谷子抗旱力非常强，不需浇水。

（六）适时收获

谷子成熟后，要及时收获，当麸皮变为品种固有的色泽，籽粒变硬，成熟"断青"时，不论茎叶青绿都要收获。

（七）病虫害防治

1. **防治粟灰螟**　防治分两次：第一次在间苗后，第二次在拔节期，顺垄喷施药剂防治。

2. **防治穗瘟病**　在谷子抽穗前、抽穗后、灌浆期各防治一次。

三、应用效果

与常规种植相比，亩节水50～100m³，种植收益增加15%

以上。

四、适用范围

适用于河北地下水严重超采的低平原区调整种植结构。

谷子轻简化雨养种植技术模式

一、概述

谷子有较强的耐旱、耐瘠、耐涝、耐盐碱等特性，通过选用优良品种及其配套的简化栽培技术，农机农艺结合、生育期间雨养种植、全程采用机械化生产，有效减低农民劳动强度，节约生产成本，实现谷子规模化种植，为推进农业供给侧结构性改革、调整优化粮食种植结构和地下水超采综合治理提供解决途径。此项技术在季节性休耕试点区域前茬种植冬油菜基础上早夏播或麦收后夏播。

二、技术要点

（一）整地

谷子以早夏播或麦收后夏播为主，整地的目的是疏松土壤，消灭病虫及杂草，提高土壤肥力，一般秋季耕翻晒垡，早春耙压平整，保墒待播。麦收后播种的，要尽量低留麦茬，麦秸打包收走或经过粉碎后均匀地抛洒在地表，用播种施肥一体机直接贴茬免耕播种。对于留麦茬较高田块，应采用灭茬机灭茬2遍以上，然后整地播种。

（二）选择优良品种

要根据市场需求、规模发展、机械化生产的要求，选择优质、高产、耐旱、抗倒、抗病、灌浆速度快的品种，尤其要选择抗除草剂的品种，间苗除草一次完成，节省用工，实现规模化种植。同时，选择株高适宜、谷码较紧的品种，可有效降低机械收获损失率，如冀谷 39 等品种。

（三）趁墒播种

谷子适播期较长，在 5 月至 6 月底均可种植，最迟的可推迟到 7 月上旬，一般等雨趁墒播种以达到节水的目的，效益最高的播期在 5 月上中旬。播种方式一般条播，采用谷子条播机，行距 40cm，播深 3～5cm，每亩播量一般为 0.5kg 左右，正常管理每亩可保证 3 万～5 万株的基本苗。播种机一次完成开沟、施肥、播种、覆土、镇压等多道工序，播深一致。麦茬地免耕播种要求使用带单体仿形机构的播种机，播种前如果有草，可先喷施草甘膦除草然后再播种。一般随播种施入复合肥或谷子专用肥 30 千克。

（四）加强田间管理

选用的品种为抗除草剂品种，可在谷子出苗后 3～5 叶期，杂草 2～4 叶期，采用配套除草剂间苗和除草一次完成，每亩用水量不要低于 30 千克。底肥施入不足的地块，在拔节前可中耕培土防止倒伏，结合中耕每亩追施 20kg 尿素，并在灌浆中期加喷磷钾肥。谷子耐旱怕涝，生育期间一般不用浇水，遇到大雨要注意及时排水，如果孕穗期土壤特别干旱，可浇水一次。整个生育期要做到一喷多防，以防为主，在关键管理时期加入杀虫剂和杀菌剂可起到很好的效果。谷瘟病、白发病、黏虫是常见病虫害。防治谷瘟病和白发病要首选抗病品种，其次要选用包衣种子，及时清除田间病株，必要时可用克瘟散、春雷霉素等防治。防治黏虫可采用溴氰菊酯乳油或高效氯氰菊酯乳油防治，并结合诱杀措施。可采用无人机喷药，省时省力、喷雾均匀、效果好、效率高。

（五）适期收获

谷子最佳收获期为在蜡熟末期 95％的籽粒坚硬时最佳，小地块采用分段收获方式，即割晒机割倒后晾晒 3d 左右后采用脱粒机脱粒；大地块采用谷物联合收获机收获。谷子脱粒后要及时晾晒清选，含水率降到 13％时入库储藏。

三、应用效果

通过选用优良品种及其配套栽培技术，全程机械化种植，可节省人工 5～7 个，节药 20％～30％，节肥 20％，亩产 350～500kg。

四、适用范围

适用于河北省中南部谷子种植区。

谷子半膜覆盖节水栽培技术模式

一、概述

谷子是张家口地区主要栽培作物，近年来，由于谷瘟病的严重发生，常规谷子品种"8311"、"东方亮"等品种种植面积大幅减少，主要栽培品种为张杂谷系列品种，具有高产，抗病、适宜性强的特点。由于冀西北山地丘陵区和旱作冷凉区积温不足、干旱少雨、水资源严重缺乏，谷子多栽培在没有灌溉条件的区域，受有效积温不足和干旱缺水制约，传统种植模式产量低，效益差。近年来该区域推广的旱作区谷子半膜覆盖机械化栽培技术模式，打破了传统谷子生产间苗、定苗和除草环节费时费工的制约，为谷子规模化生产提供了可能。新技术可以显著提高谷子产量，增产增收效果好。为丘陵旱作区与冷凉旱作区中、低产田谷子高产栽培探索了一条新的旱作节水栽培技术模式，为旱作节水农业发展和中低产田改造提供了技术储备，具有显著的经济效益、社会效益和生态效益。

二、技术要点

1. **品种选择**　选择产量高、品质好的张杂谷 5 号、张杂谷 6 号、张杂谷 13 等。

2. **选地整地**　选择地势平坦、土层深厚、地块面积相对较大，适宜机械化作业的地块。播前适当提早深耕（旋耕）、耙耱（考虑土壤质地、土壤墒情等因素），做到土细疏松，地表平整，无坷垃。使土壤尽量踏实，最好是耕地后及时镇压一次。播种前检查，70kg 体重的人站到地里，鞋下陷 1cm 左右为最好，这样才能保证播种质量，实现苗全、苗齐、苗壮。

3. **播种机械** 对普通玉米覆膜播种机进行改造，更换取种器，适合谷子播种，实现覆膜、施肥、播种、喷药（张杂谷专用除草剂，喷洒在膜间裸露地面）一体化。

4. **覆膜要求** 采取机械覆膜，膜宽 75～80cm，厚度 0.01mm，覆膜做到铺平、铺正、拉紧、压严、紧贴地面，达到保温、不漏气。播种时种子的位置必须和地膜上打孔要对齐，否则幼苗出土后顶在地膜上，不能自己顶破地膜，如不及时破膜放苗，幼苗容易被高温烤死。

5. **播种** 播种时间 5 月上旬至中旬。机械穴播，等行距种植，行距 45～50cm，穴距 20～25cm，播深 3～4cm，根据种子发芽率合理确定种子用量和每穴下籽粒数，保证每穴 2～3 粒株苗，亩穴数 6 000～7 000 左右（地力高的适当密些，地力低的适当降低密度）。每株 1～2 个分蘖，每亩达到 4 万～4.5 万穗，为高产打下基础。

播种机驾驶员必须技术娴熟，责任心强，不能贪快。每台播种机配备 2 个人，负责在地头切割、压实地膜。播种机启动后，1 人后面跟随观察，检查是否有地膜未压实的、种子、地膜、肥料、除草剂等是否需要补充，下种是否正常。1 人在地头压实地膜，检查种子的位置是否和地膜上打孔对齐。播种机后面的镇压轮要有一定重量，保证压实。

6. **科学施肥** 产量要提高，施肥量必须增加，尤其是必须增加钾肥。基肥每亩 75kg 复合肥（24-15-6），如能增加有机肥最好。如果机械施肥量达不到要求，可在耕地前撒施。谷子进入孕穗—抽穗初期，亩追施尿素 10kg。降雨前撒施在行间。

7. **田间管理** 播种后，经常到田间检查，如果有地膜被大风吹起，要及时压实。出苗期最好及时进行一次人工辅助放苗、间苗、定苗，对每穴 5 株苗以上的要舍得间苗。随时观测病虫害发生情况，一旦发生，及时防治。

三、效果

地膜覆盖种植加快了谷子生育期间的生长速度，增产显著，具有简单、节水、省工、增产、增效等突出优势。增加地温，保持墒情，缩短作物生育期。示范方较传统种植方式节水达 70％。示范方肥料利用率较传统种植方式提高 30％。杂交谷子示范方平均亩产量较传统种植方式增产达 100％，亩增收 500 元左右，产量实现翻番。

四、适宜区域

适用于丘陵旱作区、冷凉旱作区。

设施黄瓜滴灌水肥一体化技术

一、概述

滴灌施肥是在有压水源下借助施肥装置和滴灌系统，将水肥混合液通过滴头以点滴的形式施入作物根层土壤的一种灌溉施肥技术，使水和肥在土壤中以优化的组合状态供应给作物吸收利用。与传统灌溉和施肥相比，滴灌施肥具有节水、节肥、省工、高效、优质、环保等诸多优点，一般可节水 50％左右，节肥 30％左右；降低空气湿度，减少作物病害；减少灌溉水的深层渗漏和地下水污染；有利于保持良好的土壤结构，减轻土壤退化；滴灌施肥的同时可以进行其他农事操作，节省人工；有利于提高作物产量和品质。

二、技术要点

（一）系统组成

滴灌施肥的首部枢纽由水泵、动力机、变频设备、施肥设备、过滤设备、进排气阀、流量及压力测量仪表等组成。

（二）操作要点

黄瓜采用滴灌施肥时一般起小高畦，畦上双行种植，每行铺设 1 条滴灌管（带），滴头朝上，滴头间距一般 30cm。如果用旧滴灌管（带）一定要检查其漏水和堵塞情况。施肥装置一般为压差式施肥罐或文丘里施肥器，施肥罐容积根据灌溉施肥面积确定，一般不低于 15L（施肥罐最好采用深颜色的筒体，以免紫外线照射产生藻类堵塞滴灌系统）。

灌溉操作：灌溉时应关闭施肥罐（器）上的阀门，把滴灌系统支管的控制阀完全打开，灌溉结束时先切断动力，然后立即关闭控制阀。滴灌湿润深度一般为 30cm。滴灌的原则是少量多次，不要以延长滴灌的时间达到多灌水的目的。

施肥操作：按照加肥方案要求，先将肥料溶解于水，也可在施肥前一天将肥料溶于水中。施肥时用纱（网）过滤后将肥液倒入压差式施肥罐，或倒入敞开的容器中用文丘里施肥器吸入。

压差式施肥罐操作：施肥罐与主管上的调压阀并联，施肥罐的进水管要达罐底。施肥前先灌水 20~30min，施肥时，拧紧罐盖，打开罐的进水阀，罐注满水后再打开罐的出水阀，调节主管调压阀以调节施肥速度；文丘里施肥法：文丘里施肥器与主管上的阀门并联，将事先溶解好并混匀的肥液倒入一敞开的容器中，将文丘里器的吸头放入肥液中，吸头上应有过滤网，吸头不要放在容器的底部。打开吸管上阀门并调节主管上的阀门，使吸管能够均匀稳定的吸取肥液。

注意事项：每次加肥时须控制好肥液浓度，一般在 $1m^3$ 水中加入 0.5kg 肥料纯养分，肥料用量不宜过大，防止浪费和系统堵塞。每次施肥结束后再灌溉 20~30min，以冲洗管道。

（三）系统维护

滴灌施肥系统运行开始，要做到每次灌溉结束后及时清洗过滤器，以备下次灌溉时使用，施肥罐底部的残渣要经常清理。在灌溉季节，定期将每条滴灌管的尾部敞开，相应的加大管道内的水压，将滴灌管内的污物冲出。尽量避免在生长期用酸性物质冲洗，以防滴头附近的土壤 pH 发生剧烈的变化。如有必要用酸清洗，要选择在农闲时进行，应用 30% 的稀盐酸溶液（40~50L）注入滴灌管，保留 20min，然后用清水冲洗。

（四）滴灌肥料选择

滴灌肥料在常温下具有以下特点：全水溶性、全营养性、各元素之间不会发生拮抗反应、与其他肥料混合不产生沉淀；不会引起灌溉水 pH 的剧烈变化；对灌溉系统的腐蚀性较小。常用肥料：水溶性好的固体肥或高浓度的液体肥，如尿素、磷酸二氢钾、硝酸钾、硝酸铵、氯化钾等，或者滴灌专用肥料。根据不同作物、不同生育时期选用推荐配方肥。

（五）滴灌施肥制度及其他农事操作

日光温室冬春茬黄瓜一般 12 月底至 1 月上旬育苗，2 月初至 2 月下旬定植，大棚春茬黄瓜育苗和定植期要推迟 1 个半月左右。日光温室秋茬黄瓜一般 8 月初左右定植，也可采用直播。大棚秋茬黄瓜定植日期提前 1 个月左右。

定植前将土地深翻整平，每亩底施精制有机肥 2 500～3 000kg、N、P、K 三元素复合肥 75kg，集中施入栽培床上，浅翻与土混匀。做小高畦，畦面宽 60cm，高 15cm，每畦栽 2 行，行距 50cm，株距 25cm 左右，过道宽 90cm。每行铺滴灌管 1 条。如铺地膜，最好用黑膜以防草。

冬春茬（春茬）黄瓜定植时每亩滴灌 10～12m³，秋冬茬（秋茬）定植时每亩灌水 12～15m³，缓苗后开始滴灌施肥，每 5～10d 1 次，每次每亩灌水 5～8m³，每次每亩施用 3～5kg 滴灌专用肥（N：P_2O_5：K_2O＝26：12：12）；根瓜坐住后每 5～7d 每亩滴灌 5～8m³，每亩追滴灌专用肥 5～8kg（N：P_2O_5：K_2O＝20：20：20），盛瓜期每采一次瓜都要滴灌施肥 1 次，每亩灌水 6～10m³，每亩施滴灌专用肥 6～10kg（N：P_2O_5：K_2O＝19：8：27），结瓜末期灌溉施肥量逐渐降低。春季随着气温的升高和蒸发量的增加，灌溉间隔时间要逐渐缩短，秋季则相反。

三、应用效果

采用滴灌施肥技术，比常规沟灌施肥节水 45%、节肥 30%、增产 15%，每立方米水产出提高 32%以上。

四、适用范围

适用于灌溉条件较好（机井有过滤和变频装置）的蔬菜种植地区。

番茄半膜覆盖垄作沟灌技术

一、概述

半膜覆盖垄作沟灌是将土地平面修成垄形，用地膜覆盖垄面，在垄上或垄侧种植作物，作物生长期按照需水规律，将水浇灌在垄沟内。

二、技术要点

（一）播前准备

地块选择及整地：选择透气良好、土层深厚、腐殖质充足的壤土或砂壤土，不宜选择黏重的土壤。前茬选择 3 年内未种植过茄科作物，以豆类、叶菜类、葱蒜类、禾谷类作物为佳。

施肥：全生育期每亩施入纯 N $17\sim25$kg、P_2O_5 $7\sim10$kg、K_2O $3\sim5$kg、$ZnSO_4$ $1\sim1.5$kg，或根据测土结果进行配方施肥，肥料结合春耕施入或在起垄时集中施入垄底，每亩施入优质农家肥 $4\,000\sim5\,000$kg。

膜下除草：杂草危害严重的地块起垄后覆膜前每亩用 50%乙草胺乳油 $50\sim70$g 兑水 30kg 地面喷雾进行防治。

（二）起垄规格

一般在 4 月上中旬按 120cm 沟心距开沟起垄，垄面宽 80cm，沟宽 40cm，垄高 $15\sim20$cm，起垄灌水后根据水线人工修垄。

（三）覆膜

选用幅宽 120cm 地膜覆盖，覆膜时地膜要与垄面贴紧拉平。

（四）播种

选用良种：选择抗病、优质高产、耐贮运商品性好、符合加工要求的品种。

播期：采用阳畦育苗移栽的于 3 月上、中旬播种，露地栽培 4 月下旬播种。

种植密度：加工型番茄行距 60cm，株距 30～35cm，每亩保苗 3 200～3 700 株。

播种方式：垄侧种植，种子点播或移栽在垄侧距离垄底 10cm 以上。

（五）田间管理

及时放苗：直播番茄从播种到出苗约需 7～10d，在出苗期间如遇雨应及时破除板结，并及时放出蹿膜苗。

灌水：灌水掌握在定植期、初果期、盛果期、完熟期、采收期几个时期。一般在 4 月 25 日前后灌头水，全生育期灌 4～5 水。灌水定额每亩 300～400m³。

灌水方法：垄侧种植番茄，沟灌不得超过沟深的 2/3。

合理追肥：全生育期结合灌水追施氮、磷、钾肥 2～3 次，追肥以前轻、中重、后补为原则。当番茄第一穗果膨大到核桃大小时，结合灌头水进行第一次追肥，每亩追施纯 N6kg、P_2O_5 3kg、K_2O 1.5kg。追肥方法是在两株中间穴施。当番茄进入盛果期，进行第二次追肥，每亩追施纯 N8kg。到番茄采收期，根据番茄长势，可在每次采收完后结合灌水适当追肥，每亩追施纯 N5kg 左右。

（六）病虫害防治

番茄生育期间加强猝倒病、立枯病、枯萎病、晚疫病以及蚜虫、红蜘蛛等病虫害防治。

（七）适时收获

当果实完全着色，果实变软，即达到完熟期时分批及时采收，减轻植株负担，加速绿果营养转化，保证果实品质，提高单位面积产品效益。

三、应用效果

全生育期亩可节水 50～100m³。

四、适用范围

适用于甘肃河西河灌区、井灌区和井河混灌区及沿黄灌区的大田玉米生产。

辣椒半膜覆盖垄作沟灌技术

一、概述

半膜覆盖辣椒垄作沟灌是将土地平面修成垄形，用地膜覆盖垄面，在垄上或垄侧种植辣椒，作物生长期按照需水规律，将水浇灌在垄沟内。

二、技术要点

（一）播前准备

开面地块选择及整地：选择透气良好，土层深厚腐殖质充足的壤土或沙壤土种植，不宜选择盐碱地。

施肥：全生育期每亩施入纯 N $20\sim25$kg、P_2O_5 $8\sim11$kg、K_2O $4\sim5$kg，或根据测土结果进行配方施肥，肥料结合春耕施入或在起垄时集中施入垄底，每亩施入优质农家肥 $4\,000\sim5\,000$kg。

膜下除草：杂草危害严重的地块起垄后覆膜前每亩用 50%乙草胺乳油 $50\sim70$g，兑水 30kg 地面喷雾进行防治。

（二）起垄规格

一般在 3 月上中旬耕作层解冻后就可以起垄，辣椒垄宽 60cm，垄高 15cm，垄沟宽 30cm，垄脊高低一致。

（三）覆膜

选用幅宽 $90\sim100$cm 的地膜。覆膜时地膜要与垄面贴紧拉平，提倡顶凌起垄覆膜。

（四）播种

选用良种：选择抗病、优质、高产、商品性好的品种。

播期：当地温稳定通过 10℃时即可播种，辣椒一般在 3 月中下旬播种。过早受冻，出苗受阻，影响产量。

播种密度：辣椒平均行距 45cm、株距 20～25cm，每亩保苗 6 000～7 400 穴。

播种方式：直播辣椒栽培，种子点播在垄脊上，每垄种植两行。

（五）田间管理

及时放苗：覆膜辣椒从播种到出苗约需 15d 左右，在出苗期间如遇雨应及时破除板结，并及时放出蹿膜苗。

灌水：灌水掌握在显蕾、开花坐果、膨大期几个时期。全生育期灌水 6～7 次。灌溉定额每亩 300～400m^3。

灌水方法：垄上种植辣椒沟灌不得超过沟深的 2/3，严禁大水淹垄。

合理追肥：全生育期结合灌水追施肥料 5 次，追肥以前轻、中重、后补为原则。当辣椒进入现蕾时，结合灌头水进行第一次追肥，每亩追纯 N 6kg、P$_2$O$_5$ 4kg、K$_2$O 1.5kg。追肥方法是用穴播器穴施。当辣椒第一簇果膨大时，每亩追纯 N 7kg。以后根据辣椒长势，每水可适当追肥纯 N 4kg 左右。

（六）病虫害防治

辣椒生育期间加强辣椒疫病、红蜘蛛、蚜虫等病虫害防治。

（七）适时收获

当辣椒达到商品或加工要求时分次分批采收，减轻植株负担，保证果实品质。收获后及时清除田间残膜，便于来年生产。

三、应用效果

全生育期亩可节水 $50\sim100\text{m}^3$。

四、适用范围

适用于西北河灌区、井灌区和井河混灌区的辣椒上。

瓜类半膜覆盖垄作沟灌技术

一、概述

半膜覆盖瓜类垄作沟灌是将土地平面修成垄形，用地膜覆盖垄面或灌溉沟，在垄上种植瓜，作物生长期按照需水规律，将水浇灌在垄沟内。半膜覆盖垄作沟灌技术适宜于制种西瓜、甜瓜和常规西甜瓜，同时适用于西葫芦、南瓜等。

二、技术要点

（一）播前准备

地块选择及整地：选择透气良好、土层深厚、腐殖质充足的壤土或沙壤土种植，不宜选择盐碱地、碱潮地。与葫芦科作物轮作年限 3～5 年，前茬以豆类、禾谷类作物为佳。

施肥：全生育期每亩施入纯 N 16～20kg、P_2O_5 10～13kg、K_2O 4～6kg，或根据测土结果进行配方施肥。底肥在起垄时集中施入华底或覆膜时开沟施于距种植穴 10～15cm 的垄上，每亩施入充分腐熟的优质农家肥 2 000～3 000kg。

膜下除草：杂草危害严重的地块起垄后覆膜前每亩用 50% 乙草胺乳油 50～70g，兑水 30kg 对沟底、沟面全面喷雾防治，并随喷随覆膜。

（二）起垄规格

根据栽培需要，一般在 3 月上中旬耕作层解冻后就可以起垄，瓜类垄宽 140～200cm，垄沟宽 40cm，垄高 20cm，起垄灌水后根据水线人工修垄。

（三）覆膜

选用幅宽 145cm 的地膜覆盖灌溉沟，覆膜时地膜与沟底贴紧。

（四）播种

选用良种：选择抗病、优质、高产的种子或根据生产需要进行选择。

播期：当地温稳定通过 12℃ 时即可播种，采用保护措施，瓜类播种期可提前到 3 月上中旬，一般露地栽培于 4 月中下旬播种。

播种密度：瓜类行距一般 100cm 左右，株距 25cm 左右，每亩保苗 2 500 株左右。

播种方式：垄上直植。种子点播在距沟 10cm 左右的垄上，每垄种植两行。

（五）田间管理

及时放苗：直植瓜类从播种到出苗约需 7～12d，在出苗期间如遇雨应及时破除板结，并及时放出蹿膜苗。

灌水：灌水掌握在团棵期、伸蔓期、坐果期、膨大期几个时期。全生育期灌水 6～7 次。灌溉定额每亩 300～350m³。

灌水方法：垄上种植瓜类沟灌时严禁大水淹垄，采用少量多次的灌溉方式。

合理追肥：全生育期结合灌水追施氮磷钾肥 2～3 次，追肥以前轻、中重、后补为原则。当 80% 以上的瓜坐稳后，结合灌头水进行第一次追肥，每亩追施纯 N7kg、P_2O_5 3.5kg、K_2O 1.5kg。追肥方法是在两株中间穴施。当瓜类进入膨大盛期，进行第二次追肥，每亩追纯 N7kg。到生长后期，根据植株长势，结合灌水适当追施氮肥。

（六）病虫害防治

瓜类生育期间，加强枯萎病、金针虫、瓜蚜、红蜘蛛等病虫害防治。

（七）适时收获

当瓜类达到正常的生理成熟时即可收获，过早过迟都会影响瓜类品质。对于以制种瓜类收获的要达到完熟后或放置后熟再行取籽。收获后及时清除田间残膜，便于来年生产。

三、应用效果

全生育期亩可节水 $50\sim100m^3$。

四、适用范围

适用于甘肃河西河灌区、井灌区和井河混灌区的瓜类生产上。

华北季节性休耕区高粱一年一熟节水种植模式

一、概述

5月底至6月中旬等雨趁墒播种，一般年份全生育期不浇水。

二、技术要点

（一）播前准备

1. **整地**　选择土层深厚、结构良好、肥力适中、地势平坦的地块，忌重茬。春播高粱应在前茬作物收获后及时深耕，耕翻深度25～30cm，春季亩施土杂肥1 000～1 500kg、专用肥（18-12-20）30～40kg或生物有机肥200kg，旋耕1～2遍后耙平。重度盐碱地可结合深耕亩施以腐殖酸、含硫化合物和微量元素为主的土壤改良剂100～150 kg。

2. **种子处理**　选择籽粒饱满、整齐一致的种子，纯度95％以上，净度98％以上，发芽率85％以上。播前15d将种子晾晒2d，用辛硫磷或者甲基硫菌灵拌种或包衣，防治黑穗病及地下害虫等。

（二）精细播种

1. **品种选择**　选择优质、高产、抗蚜、抗逆性强、熟期适宜的优良品种。粒用高粱品种可选冀酿1号、冀酿2号抗蚜高粱杂交种，或红茅粱6号等适应性强的酿造高粱品种；甜高粱品种可选用能饲2号、冀甜3号等，用来生产青储饲料。

2. **播期**　适宜播期在5月底至6月初，抢墒早播，在春季干旱年份可推迟到 6 月 25 日前等雨夏播。一般 10cm 耕层地温稳定在 10℃以上，土壤含水量以 15％～20％为宜。墒情不足时可先灌水补墒后播种，谨防芽干出苗不齐。

3. **播种方式** 采用精播机播种，每亩播种量 0.3～0.5kg，盐碱地适当加大播量。一般行距 50～60cm，播种深度 3～5cm，深浅一致，覆土均匀，播后镇压。

（三）田间管理

1. **除草** 出苗前喷施除草剂。每亩用 38％莠去津 180mg，兑水 30～40kg，喷洒土表，或用"粱满仓"高粱专用除草剂苗后喷施，一般在杂草出苗后 3 叶时喷洒。

2. **补苗定苗** 出苗后及时查苗补苗，出现缺苗时可浸种催芽补种或借苗移栽。适于机械化栽培的矮秆品种亩密度 0.8 万～1.0 万株，中高秆品种应适当降低种植密度，亩密度 0.6 万～0.7 万株，饲用甜高粱亩密度 5 000 株左右。

3. **中耕** 出苗后中耕 1～2 次，松土、保墒、除草。

4. **肥水** 高粱为耐旱作物，在整个生育期内一般不用浇水。在特殊干旱的情况下，拔节孕穗是需肥水关键期，可结合中耕培土、浇水进行追肥，亩施尿素 10kg。乳熟期干旱，千粒重受影响时，有条件地区应及时灌水。多雨季节要及时排水防涝。

（四）病害防治

重点做好高粱蚜、黏虫、玉米螟、桃蛀螟、棉铃虫等虫害的防治。

（五）收获

粒用高粱在 90％籽粒达到完熟期、含水量下降到 20％左右时，用高粱籽粒收获机进行机械收获，收获后要及时晾晒或烘干，水分降到 14％时可长期存放；甜高粱做饲用要在乳熟晚期用青贮收获机收割；糖用高粱要在蜡熟末期及时收获。

三、应用效果

与常规技术相比，亩均节水 $30\sim50m^3$，亩均增产 10% 以上。

四、适用范围

适用于华北地下水严重超采的季节性休耕区。

华北季节性休耕区绿豆一年一熟节水种植模式

一、概述

4月中下旬至5月上旬春播或6月上旬至7月上旬夏播，等雨趁墒播种，一般年份全生育期浇水1次。

二、技术要点

（一）播前准备

1. **整地施肥**　绿豆忌与豆科作物连作和重茬，最好与禾谷类作物间作或轮作。播种前要精细整地，因地制宜施足基肥。春播前深耕20～25cm，结合深耕，在中等肥力以下的地块亩施有机肥500～1 000kg、专用肥（14-17-14）15～20kg 或磷酸二铵10～15kg、硫酸钾5～10kg，深耕后耙细整平地面。

2. **品种选择**　冀中南、冀东等春播区选用直立紧凑、主茎粗壮、抗病、抗倒伏，优质高产的品种。如冀绿7号、冀绿13、冀绿14、保绿942、中绿5号等，冀西北山区丘陵地选用抗旱、耐瘠薄、高产优质的品种，如张绿1号、张绿2号、鹦哥绿豆等。

3. **种子处理**　在播种前要对种子进行精选，晾晒1～2d。药剂拌种，防治地下害虫。

（二）播种

1. **播期**　绿豆生育期短，适播期长。春播冀中南地区一般在4月中下旬至5月上旬，冀西北山区丘陵地一般在5月中旬至下旬；

夏播区 6 月上旬至 7 月上旬，7 月中旬左右播种一定要选特早熟绿豆品种，如冀绿 10 号、冀绿 13 等。

2. **播种方式**　绿豆播种方式有条播和穴播，其中以机械条播为多。条播时要下种均匀，防止覆土过深，播深约 3cm，行距一般 40～50cm。零星种植大多为穴播，每穴 2～3 粒，行距 40～50cm。

3. **播量**　一般条播每亩 1.25～1.5kg。早熟品种宜密植，中晚熟品种宜稀植；春播宜密，夏播宜稀；高肥水宜稀，低肥水宜密。

（三）田间管理

1. **除草**　播后苗前可亩用 50％乙草胺 60～100mg，或 72％异丙甲草胺乳油（金都尔）150～200ml，兑水 40～50kg，进行封闭除草。

2. **补苗定苗**　出苗后及时查苗补苗，尽量在 3d 内补种。密度过大时，在绿豆第一片真叶期间苗，在第二片至第三片复叶展开间定苗，实行单株留苗。一般春播直立型早熟品种亩留苗 1.5 万～1.8 万株，半蔓生型中熟品种 0.8 万～1.2 万株；夏播宜选用直立型中早熟品种，亩留苗 1.0 万～1.3 万株。

3. **追肥**　初花期依据土壤肥力和田间长势，可亩施专用肥或磷酸二铵 10kg，开沟施入。分批次收获的绿豆，首批绿豆采收后可喷施叶面肥或磷酸二氢钾，肥力好的地块可以不追肥。

4. **浇水**　绿豆苗期需水量不多，要求土壤相对干旱一些，不宜浇水，以防徒长。开花期是绿豆需水临界期，花荚期是需水高峰期，遇旱要及时浇水。绿豆怕涝，发生洪涝时应及时排水防涝。

（四）病虫防治

绿豆病害主要有枯萎病、叶斑病、晕疫病、病毒病和白粉病等，虫害主要有苗期的地老虎、玉米螟、棉铃虫、蚜虫、红蜘蛛，花荚期的蓟马、豇豆荚螟等。

（五）收获

绿豆成熟后要及时收获。分次收获：植株上 60%～70% 豆荚成熟时开始采收，每隔 7～10d 采摘 1 次，分批次收获可以增加产量、保证质量。一次性收获：植株上 80% 以上的豆荚成熟后收割。对易落荚落粒的品种采用人工摘荚、分次收获为宜。

三、应用效果

与常规技术相比，亩均节水 30～50m³，亩均增产 10% 以上。

四、适用范围

适用于华北地下水超采严重的季节性休耕区。

华北季节性休耕区甘薯一年一熟节水种植模式

一、概述

4月下旬至5月上中旬等雨趁墒播种，一般年份全生育期浇水1次，亩灌水 $40\sim50m^3$。

二、技术要点

1. **选用良种** 生产中要根据不同用途分别选用淀粉型、鲜食型、特用型、菜用型等优良品种。适宜淀粉加工型品种有徐薯18、冀薯98、卢选1号、秦薯5号、商薯19、济薯25、冀粉1号等，适宜鲜食及加工型品种有龙薯9号、北京553、烟薯25、冀薯982、济薯26、普薯32、红香蕉、冀紫薯2号、紫罗兰等，适宜色素提取的品种有烟紫薯3号、济黑1号、徐紫薯8号等，适宜菜用型品种有台农71、福薯18等。一般旱薄地宜选用耐瘠抗旱品种，如冀薯98、济薯26、烟薯25、卢选1号、北京553、徐薯18等，水浇地宜选用耐肥品种，如商薯19、龙薯9号、苏薯8号、普薯32、红香蕉等品种。

2. **培育壮苗** 甘薯育苗一般在3月中下旬进行。选择无病、无伤、无冻害湿害的健康种薯，在生茬地或者3年未种甘薯的地块建苗床，苗床内底施高钾复合肥，采用斜排法或平排法摆放种薯，密度一般为 $20kg/m^2$，采用小拱棚双膜、中棚或大棚育苗，有条件的可以采取火炕或水暖等措施增温。苗床管理应注意保持适宜的温度和充足的阳光，出苗前保持苗床地面干干湿湿；出苗后应保证充足水分，同时每天上午 10 时到下午 15 时苗床两侧开小口通风，防止高温烤苗；50％以上薯苗具有 5 个展开叶后逐日增大苗床侧面通风口，进行炼苗。壮苗的标准是百株重 500g 以上、顶三叶齐平、叶片大而肥厚、茎粗而节匀、茎上无气生根、无病虫害、株高 25cm 左右。壮苗比弱苗一般增产 20％以上。繁育种薯用苗要建立无病采苗圃，通常在 4 月下旬或 5 月上旬栽植，6 月中下旬采蔓头苗进行种薯栽植，霜前收获。

3. **深耕改土** 甘薯高产要求选择土质疏松、耕层深厚、保墒蓄水好、肥力适度的沙壤土，特别是鲜食甘薯最好选择无甘薯病害的生茬地、土层较厚、排水良好，以保证较高的商品薯率。甘薯田栽前耕翻能加厚活土层，疏松熟化土壤，一般冬前耕翻深度以 30cm 为宜，春耕应与起垄同时进行，随耕随起垄，保住底墒。黏土掺砂可改良土质，增强通气性；盐碱地压砂可防止泛盐，降低耕层含盐量；砂地可增加有机肥、绿肥等用量，改变其松散性，增强保水保肥能力。轮作是减轻病虫害、提高产量、改善品质最经济有效的方法，甘薯可以和花生、玉米、谷子等作物轮作，轮作周期 3 年左右。

4. **起垄覆膜** 起垄时要做到垄形肥胖，垄沟窄深，垄面平，垄土踏实，无大垡和硬心。起垄建议采用旋耕起垄一体机，各地根据情况确定垄距，一般瘠薄地 70～80cm，平原地垄距 80～85cm。目前，生产上推广应用复合地膜（主体为黑膜，中间约 15cm 为透明膜）覆盖，不用化学除草，紧贴表土覆膜无空隙，用土压实，栽后覆膜注意不要压断薯苗，扣苗后膜口小，湿土封口，封实不透气，避免高温和除草剂熏蒸。

5. **科学施肥** 根据甘薯需肥规律，甘薯施肥掌握的原则是基肥为主，追肥为辅；有机肥为主，化肥为辅；增施钾肥为主，磷肥为辅。同时，针对不同的土壤和肥力，施肥种类应有所区别，沙土地、瘠薄地应增施有机肥，提高保水保肥能力，丰产田应增施钾、磷肥，以防止氮肥过多造成茎叶徒长而减产。亩产 3 000kg 的甘薯一般每亩施有机肥 2 000～3 000kg、氮磷钾复合肥（15-15-15）

20kg、硫酸钾 15～20kg，起垄时开沟施于垄下。当甘薯进入块根迅速膨大期后，为防止茎叶早衰，可用 0.5%尿素、0.2%磷酸二氢钾等溶液进行根外叶面喷肥，每隔 7d 喷 1 次，喷施时间以傍晚为宜。

6. 合理密度 春薯栽植期一般在 4 月下旬至 5 月上中旬，当 10cm 地温稳定在 17～18℃时，用于贮藏的春薯适当晚栽 10～15d，可提高商品率和贮藏性；种薯要力争晚栽，6 月中下旬为宜，过早栽植，生育期长，产量高，病害积累量大，不利于健康种苗繁育。甘薯的栽植密度应根据土壤肥力、品种特性、栽插时间和方法等条件来确定。一般来讲，肥水条件好的地块密度宜稀，旱薄地宜密；施肥多的地宜稀，施肥少的地宜密。一般丘陵旱薄地每亩 4 000～4 500 株，平原旱地每亩 3 500～4 000 株，水肥地每亩 3 000～3 500 株较为适宜。品种方面，短蔓品种宜密，每亩 4 000～4 500 株较好；长蔓品种宜稀，每亩 3 000～3 500 株为宜。春薯种植密度每亩 3 500～4 000 株，夏薯每亩 4 000～4 500 株。

7. 提高栽插质量 甘薯栽插应选无病壮苗，剔除病苗、弱苗，以保证苗全、苗匀、苗旺。要注意以下几点：一是采苗时间。苗床薯苗高度 25～30cm，经过 5d 以上的放风晒苗后才可采苗。二是高剪苗。在离床土面 5cm 高处剪苗，防止薯块病菌以及土传病菌通过薯苗带到田间，保留底部 1～2 片叶，以利于新芽萌发。尽量选择短节间薯苗。更换品种前用 2% NaCl 浸泡 3～5min 进行剪刀消毒。三是薯苗处理。可将秧苗基部 10cm 以下部分在生根粉溶液中浸泡 10min，促进生根，浸苗后立即栽插。四是栽秧深度。甘薯栽秧深度一般以 5～10cm 为宜。建议采用斜插或船型栽插。黏土或土壤含水量多的可稍浅，干旱瘠薄田的适当深栽可提高抗旱性，以利于秧苗成活健壮生长。五是茎蔓化控。栽插后 30d 左右，每亩用 240～450mg 己酸二乙氨基乙醇酯（DA-6）和（60～100mg）磷酸二氢钾兑水 30kg 均匀喷施，每隔 3d 喷施 1 次，连喷 2 次，促进群体生长；茎蔓封垄前后，每亩用 36～50g 烯效唑兑水 30kg 均匀喷施，每隔 7d 喷施 1 次，连喷 2 次，防止茎叶旺长。六是查苗补苗。

栽后 1 周内对因病虫害或栽植不当造成的死苗选用壮苗及时补栽，生长中期及时中耕除草，禁止翻蔓。

8. 防治病虫害　甘薯病虫害的发生对甘薯产量、品质和商品率影响严重。除选用抗病品种、应用合理轮作、高剪苗、药剂浸苗等外，还要密切注意各生育期的病虫害发生。鲜食型品种起垄和栽插时需重点防治茎线虫、蛴螬和金针虫等，尽量选用无线虫的地块种植。

9. 适期收获　甘薯一般在 10 月上中旬开始收获，霜降前收获完毕。做种薯或鲜食用甘薯要选择晴暖天气上午收刨，中午在田间晾晒，当天下午入窖。要注意做到轻刨、轻装、轻运、轻卸，要用塑料周转箱或条筐装运，防止破伤。收获时间早晚和薯块出干率也有较密切关系，10 月初至 10 月中旬是春薯晒干淀粉加工用的最好收获期。

10. 贮藏　贮藏前要对贮藏窖进行清扫消毒，用点燃硫磺熏蒸与喷洒多菌灵相结合杀灭病菌。严格剔除带病、破伤、受水浸、受冻害的薯块，贮藏量一般占窖空间的 2/3。有条件的可在入窖前进行高温愈合，具体做法是：入窖后将门窗通风口全部关闭，利用电炉、电热线等措施加温至 38℃，利用风机保持薯堆内外温度均匀，保持 72h，然后快速通风降温至 12℃左右。贮藏期甘薯窖温保持 12～13℃，湿度保持 85%～90%。加强管理，确保安全贮藏。

三、应用效果

与常规技术相比，亩均节水 30～50m³，亩均增产 10%以上。

四、适用范围

适用于华北地下水严重超采的季节性休耕区。

华北季节性休耕区冬油菜
一高粱节水种植技术

一、概述

季节性休耕试点区域绿肥冬油菜—高粱节水种植技术节水效果明显，在全年不浇水、只利用自然降雨的前提下，仍能取得很好的经济效益，同时该模式还具有培肥地力、抗逆广适、冬季可覆盖地面抑制扬尘、促进休闲农业发展等意义。为季节性休耕试点区域种植结构调整提供了一个很好的选择，同时进一步促进了供给侧改革和特色农产品种植发展，在节水的同时增加了农民收益。

二、技术要点

（一）绿肥冬油菜栽培技术要点

1. **种子选择与处理** 适宜种植的冬油菜品种应为白菜型冬油菜品种，具有生物量大、抗病、抗逆、高抗寒等特点，如陇油 6 号等。种子先用 8％～10％的盐水浸泡、搅拌 5min，然后去除浮在水面的菌核；再用 50～54℃的温水浸种 20min，捞起后闷种 2h。温汤浸种后，在晴天连续晒种子 2～3d。为减少病虫害发生，进行药剂拌种，每千克种子先用 3～6g 70％噻虫嗪可分散粉剂拌种，吸收后再用 20～30g 多菌灵粉剂拌种，阴干后播种。

2. **播种** 绿肥冬油菜的适宜播期在 9 月中下旬。玉米收获后，进行秸秆还田、旋耕，等雨趁墒播种。采用直播方式，行距 20cm，播后覆土镇压。每亩播量 200～300g。每亩留苗 2.5 万～3.8 万株，具体留苗要根据土壤肥力情况而定。地力差的地块植株长势弱，分枝少，可适当密植；反之稀植。

3. **田间管理** 为了减少投入，绿肥冬油菜的田间管理较简单。播种后每亩可用 50％乙草胺乳油 60ml 兑水 60kg 喷雾，进行土壤封闭处理，以预防草害。绿肥冬油菜耐旱，全生育期不提倡浇水，以达到休耕、养地和节水目的。

4. **适时翻压** 绿肥冬油菜在盛花期（初花后 10d 左右）生物量达到最大，翻压后土壤养分增加最多。盛花期一般在 4 月下旬，此时进行直接翻压入田，培肥地力。

（二）高粱节水绿色栽培技术要点

1. **根据用途选择优种** 目前种植高粱的用途以酿酒为主，要根据酿酒（造）企业对高粱品质的要求，结合当地气候和土壤条件，选用淀粉含量高、单宁含量中等的高粱品种。河北中部宜选择中、散穗型品种，以防止穗部病害发生。此外，还应考虑机械化收获、是否用于青贮饲料等。目前生产上种植较多品种有：冀酿 2 号、红茅 6 号等。

2. **合理轮作倒茬** 高粱忌重茬和迎茬，轮作选玉米、大豆等茬口为宜。因为重茬一是造成严重减产，二是病虫害发生严重，高粱植株生长高大、根系发达、入土深、吸肥力强，一生中从土壤里吸收大量的水分和养分，因此合理的轮作方式是高粱增产的关键。

3. **种植地块和规模** 拟施行免施农药栽培的高粱地块，选在没有种植绿化树木和果树的地块上种植，绿化树木或果树容易吸引害虫产卵、越冬、繁衍滋生；果树需要喷施农药，会杀死释放的赤眼蜂，因此种树的地块不宜释放赤眼蜂。拟施行免施农药栽培的高粱应成片种植，规模在 20hm² 以上，便于发挥统一生物防治的效果，提高效率。

4. **播前种子处理** 选择纯度 95％以上，净度 98％以上，发芽率 85％以上，籽粒饱满、整齐一致的种子。播种前 2～3d，选择晴天，用吡虫啉拌种防治地下害虫和苗期害虫；用多菌灵拌种防治土传和种传病害，拌种后再晾晒 1d。

5. 提高播种质量

①播种前旋耕、耙糖各 1 次，耕深 20cm 以上，做到无漏耕、无坷垃。亩施高粱专用复合肥 40～50kg，在旋耕整地前撒施或在播种时种肥同播。

②前茬为春白地的（如耕地季节性休耕区域、过去的棉田等），播期可提前至 5 月初。春播一般 10cm 耕层，要求地温稳定在 12℃左右、土壤含水量在 15％～20％为宜。盐碱地需覆膜种植。

③选用气吸式播种机或其他小粒精量播种机，保证播种均匀，深浅一致，出苗均匀一致，每穴 1～2 粒种子。播种速度不宜过快，一般以人紧走能跟上播种机为好;播时注意观察镇压轮是否起到镇压作用，排种器是否排种等事项。在田间随机抽查播种沟内是否有种子。

④播量、株行距和深度。行距一般 50～60cm，株距 10～15cm。根据籽粒大小，发芽率，精确控制播量，保证出苗 8 000 株左右。千粒重在 25g 左右的大粒种子一般需要种子 500g，千粒重 20g 左右的小粒种子需要种子 400g 左右。播深一般 3～5cm；黏性的土壤浅播，沙性大的土壤适当深播。

6. 化学除草

市场上虽有推荐使用的高粱除草剂，但使用不好，会出现除草效果不好和高粱药害。使用时注意喷施时间，苗前除草剂要在高粱播种后立刻喷施；苗后除草剂要在高粱出苗后、杂草 3 叶前喷施。建议春播使用苗前土壤封闭；苗后除草的要在杂草 3 叶期前进行，做到看草大小，不管苗大小，适时喷施除草剂。

喷施高粱除草剂时要注意两点：一喷水量要大，每亩至少喷两桶喷雾器药液；二要注意天气，在无风晴天喷，不要赶在雨前喷。建议采用种植用高粱壮苗剂处理种子、苗前喷施异丙甲草胺的除草方案，该方案不仅缓解异丙甲草胺对高粱幼苗的危害，还能促进幼苗生长，有壮苗作用。

7. 赤眼蜂生物防治螟虫

玉米螟、桃蛀螟、高粱条螟是以钻蛀茎秆为害高粱为主，赤眼蜂是这些害虫的天敌。赤眼蜂是一种寄生蜂，将自己的卵产在玉米螟等螟虫的卵内，使螟虫的卵死亡，不能孵化出害虫，而孵化出小的赤眼蜂来，起到防治害虫的作用。

在准确监测的基础上，在害虫产卵高峰期，按每亩 1.5 万只赤眼蜂的量投放，一般将含有 8 000 个蜂卵的卵卡放在离地边 20m 左右的高粱田内，每亩放 2 个蜂卡，蜂卡之间的距离应在 50m 左右。投放时将蜂卡用曲别针别在倒数第三个高粱叶背面，避免阳光直射和降雨冲刷。

生防田块禁止喷施化学农药。在使用赤眼蜂的高粱地内，瓢虫、蜘蛛等益虫的种类和数量会明显增多，这些益虫对控制害虫，保持生态平衡非常重要。如果喷施农药不仅会杀死赤眼蜂，也会杀死这些益虫，打破生态平衡，害虫会快速繁衍滋生，因此生防地块禁止使用任何化学农药。

一般在赤眼蜂发生 3～4 代，多发生在 6 月底、7 月底、8 月底，需要放 3 次赤眼蜂。如果能在 6 月放好赤眼蜂，天气有利于赤眼蜂的繁殖，放 1～2 次即可。具体放蜂次数和时间当根据害虫的监测结果而定。

8. 机械化收割

①收割机。选用效率高、损失少，杂质少、碎粒少的切流式揉搓脱粒高粱收割机，选用经验丰富、负责的机手收割，保证收割质量，一般要求损失率小于 5%，碎粒率小于 3%，杂质小于 3%。

②收获时间。最适收获期在蜡熟末期，此时收获籽粒饱满、产量最高、米质最佳。籽粒颜色变红、变硬即为成熟，85% 的籽粒成熟后，可以进行收获。一般在上午 10 点以后，露水退去以后收割，籽粒适宜机收的水分为 20% 左右。

9. 烘干晾晒

机械收获后及时运到加工厂进行烘干和晾晒，一般要求堆放时间不能超过 4h。收获之前要有足够的晾晒和烘干能力储备，和加工厂协调好，随收割，随烘干，不能堆放一起或在大车上过夜，以免发热霉变。

三、应用效果

比传统的小麦—玉米一年两熟模式亩节水 180m³，增收 30%

以上。

四、实用范围

适用于华北地下水严重超采的季节性休耕试点区域。

华北季节性休耕区冬油菜— 玉米节水种植技术

一、概述

玉米是季节性休耕试点区域夏季主要种植作物。为了达到培肥地力及抑制扬尘的作用，冬季种植绿肥冬油菜。经过几年的试验总结发现，绿肥冬油菜—玉米节水种植技术节水效果明显，只在较旱年份需要浇水。在利用自然降雨的前提下，仍能取得很好的经济效益，同时该模式还具有培肥地力、冬季可覆盖地面抑制扬尘、促进休闲农业发展等意义。

二、技术要点

(一) 绿肥冬油菜栽培技术要点

1. **种子选择与处理** 适宜种植的冬油菜品种应为白菜型冬油菜品种，具有生物量大、抗病、抗逆、高抗寒等特点，如陇油6号等。种子先用8%～10%的盐水浸泡、搅拌5min，然后去除浮在水面的菌核，再用50～54℃的温水浸种20min，捞起后闷种2h。温汤浸种后，在晴天连续晒种子2～3d。为减少病虫害发生，进行药剂拌种，每千克种子先用3～6g 70%噻虫嗪可分散粉剂拌种，吸收后再用20～30g多菌灵粉剂拌种，阴干后播种。

2. **播种** 绿肥冬油菜的适宜播期在9月中下旬。玉米收获后，进行秸秆还田、旋耕，等雨趁墒播种。采用直播方式，行距20cm，播后覆土镇压。每亩播量200～300g。每亩留苗2.5万～3.8万株，具体留苗要根据土壤肥力情况而定。地力差的地块植株长势弱，分枝少，可适当密植；反之稀植。

3. **田间管理**　为了减少投入，绿肥冬油菜的田间管理较简单。播种后每亩可用 50％乙草胺乳油 60ml 兑水 60kg 喷雾，进行土壤封闭处理，以预防草害。绿肥冬油菜耐旱，全生育期不提倡浇水，以达到休耕、养地和节水的目的。

4. **适时翻压**　绿肥冬油菜在盛花期（初花后 10d 左右）生物量达到最大，翻压后土壤养分增加最多。盛花期一般在 4 月下旬，此时进行直接翻压入田，培肥地力。

（二）玉米栽培技术要点

1. **种子选用与处理**　选择紧凑型耐密植、高产稳产、抗倒抗病、适宜机收等综合性状好的中熟品种，如农华 101、蠡玉 35 等。要选择包衣种子，对未包衣种子进行种子拌种。粗缩病和二点委夜蛾是衡水市预防的重点，可选用 60％或 70％吡虫啉、甲基异柳磷等拌种进行预防；可选用苯醚甲环唑、戊唑醇等拌种来预防根腐病、黑粉病等；如果杀虫剂、杀菌剂混合拌种，要注意先拌杀虫剂再拌杀菌剂，堆闷 4～6h，然后晾干。

2. **精细播种**　玉米适宜播期一般在 5 月上旬至 6 月上旬，等雨或适墒播种。行距 55～60cm，播种后及时镇压保墒。一般每亩用种 2.5～3kg。播种适宜深度 3～5cm。播种机作业速度小于4km/h，防止出现漏播现象。

3. **留苗密度**　根据品种特性确定留苗密度，半紧凑型品种一般每亩适宜留苗密度为 4 000～4 500 株，紧凑型品种留苗密度要大一些，每亩适宜留苗密度为 4 500～5 000 株。还要根据土壤肥力状况进行调整，一般土壤肥沃，施肥量大的地块，可以适当增加种植密度；如果土壤肥力较低，施肥量少，适当降低种植密度，否则玉米植株之间养分和水分竞争，会增加空杆率高、秃尖，导致产量降低。

4. **追肥浇水管理**　根据土壤状况，每亩种肥量为纯氮 6～7kg、五氧化二磷 8～10kg、氧化钾 7～9kg、硫酸锌 1～2kg。如果旋耕，可旋耕前撒施，或者播种时施入，要求种肥与种子分层施入，间距 10～15cm。大喇叭口期趁雨或结合灌溉每亩追施纯氮 12～15kg。抽雄至吐丝期每亩补施纯氮 3～4kg。在充分利用自然降水的前提下，开花前后各半个月是需水较多的阶段，如果干旱少雨，要及时进行浇水，防止出现卡脖旱和授粉结实不良，减少空秆率。

5. **搞好化学调控**　如果每亩种植密度超过 4 500 株，再加上苗期多雨，中后期易发生倒伏。为了达到缩短茎节、秆粗秆坚、抗倒伏的目的，要采用化学调控技术。在拔节期叶面喷施金得乐或壮丰灵等玉米调节剂。

6. **病虫草害防治**　除草主要采用播种后出苗前田间封地除草或苗后茎叶化学除草。苗期主要防治蓟马、玉米耕葵粉蚧、二点委夜蛾等，要重点做好灰飞虱防治工作，以防止传染粗缩病。穗期重点防治玉米螟、玉米褐斑病和细菌性顶腐病等。灌浆至乳熟期重点防治玉米螟、桃蛀螟、棉铃虫、三代黏虫、玉米茎腐病等。有条件的可采用赤眼蜂防治玉米螟。可在施药时加入磷酸二氢钾等叶面肥，提高植株抗病能力，促进玉米健壮生长。

7. **适时收获**　为增加籽粒产量，玉米要在完熟期收获，完熟标准是籽粒乳线基本消失、基部黑层出现。玉米机械收获，可以降低农民劳动强度，加快收获进度，减少农耗。收获后要及时进行晾晒。

三、需要注意的问题

1. **选择抗寒抗旱绿肥冬油菜品种**　要选择抗逆、高抗寒和商品性好的白菜型冬油菜品种。目前种植的品种抗寒抗旱性较差。2018 年，枣强县恩察镇杨黄洼村在 9 月 18～20 日播种，王常乡郭吕木村 9 月 27 日至 10 月 3 日播种。冬前调查时苗情较好，由于冬春干旱，部分油菜死亡，翌年春季出现缺苗断垄现象。接下来还要通过试验，筛选适合种植的绿肥冬油菜品种。

2. 绿肥冬油菜播期不宜过晚 绿肥冬油菜的播期不能晚于 9 月下旬，2017 年武强、武邑两县 10 月上旬播种，由于播期较晚，冬前苗小苗弱，抗逆性差，再加上冬春旱寒严重等原因，春天全部死亡。

3. 玉米宜选择中熟品种 在季节性休耕试点区域玉米的播期较一年两熟种植制度下提前，但是不能选择生育期长的晚熟品种，因为绿肥冬油菜的播期不能晚于 9 月下旬，如果改种生育期长的晚熟品种，收获时玉米不能达到完熟标准，延迟收获又给油菜安全越冬带来隐患，因此玉米还是应选择中熟品种。

4. 玉米播期不宜过早 绿肥冬油菜在 4 月下旬进行深翻，玉米不可马上播种。一方面要给绿肥腐熟的时间；另一方面播种过早易引起玉米病害及花期不遇。4 月底到 5 月中旬播种玉米，气温较低，此期玉米生长缓慢，造成出苗时间长，苗期较弱；衡水市 5 月中下旬播种的玉米极易发生病毒病，严重时会造成绝产；穗期处于 7 月底至 8 月初的高温期，极易造成卡脖旱和花粉败育。因此，玉米适宜播期在 5 月底至 6 月上旬。

四、应用效果

比传统的小麦—玉米一年两熟模式亩节水 180m³，增收 10％以上。

五、适用范围

适用于华北地下水严重超采的季节性休耕试点区。

华北季节性休耕区绿肥
冬油菜旱作技术

一、概述

绿肥冬油菜旱作技术是一种在季节性休耕区冬闲地块种植冬油菜的节水栽培技术。冬油菜可以在冬前形成较大的根系，在节水与安全越冬的目标下，既可以覆盖地面、抑制扬尘，又可以充分利用冬春雨雪与积温，并获得较高的生物量。春季翻压入田，起到节水和培肥地力的效果，可以与玉米、高粱、谷子、花生等进行接茬种植。

二、技术要点

1. **种子选择与处理**　选用具有生物量大、抗病、抗逆、高抗寒等特点的白菜型冬油菜品种，如陇油 6 号等，符合 GB4407.2 要求，种子饱满，纯度在 95％以上，净度要求在 98％以上，发芽率在 85％以上，含水率低于 9.0％。

种子先用 8％～10％的盐水浸泡，搅拌 5min，然后去除浮在水面的菌核，再用 50～54℃的温水浸种 20min，捞起后闷种 2h。温汤浸种后，在晴天连续晒种 2～3d。为减少病虫害发生，进行药剂拌种，每千克种子先用 3～6g 70％噻虫嗪可分散粉剂拌种，吸收后再用 20～30g 多菌灵粉剂拌种，阴干后播种。

2. **播种**　绿肥冬油菜的适宜播期在 9 月中下旬。上茬作物收获后，及早深耕细整，耙耱（耱）打碎坷垃，平整地面，做到耕层深厚，土面细平，上虚下实，等雨趁墒播种。采用油菜播种机或小麦油菜两用播种机机播，行距 20cm 左右，播深 2～3cm，播后镇压。播种要求下籽均匀，深浅一致，播后覆土镇压，如果播期紧张可以采用撒播，每亩播量 200～400g。地力差的地块植株长势弱，分枝少，可适当密植；反之稀植。

由于整地质量差、墒情不足、播种质量不高等原因，常会发生缺苗断垄现象，要及时查苗补缺。齐苗后要及早逐块逐行进行田间检查，对于大于 40cm 长的缺苗断垄和边角漏播行要进行补种，越早越好。

3. **田间管理** 为了减少投入，绿肥冬油菜的田间管理较简单。播种后可每亩用 50％乙草胺乳油 60ml 兑水 60kg 喷雾，进行土壤封闭处理，以预防草害。苗期可中耕松土 1 次，有利于消灭杂草、疏松土壤、培土壅根、增强抗寒防倒能力和促进根系发育，中耕时应遵循"行间深、根旁浅"的原则。

4. **重视冬前管理，安全越冬** 冬油菜耐旱性较好，绿肥旱作技术要求春季翻压之前不浇水，以达到休耕、养地和节水目的，因此要重视冬前管理，以确保安全越冬。一是巧施农家肥。一般亩施农家肥 2 000kg。冬前用土杂肥或厩肥覆盖油菜，既保证抽薹开花期的营养供应，又可提高地温 2～3℃，起到防寒保暖和冬肥春用的效果。施肥时间一般在冬至到小寒期间为宜，过早施用会影响油菜的正常呼吸，过迟施用防寒效果不佳。二是秸秆覆盖。在油菜畦面上覆盖秸秆或撒施草木灰，不仅可以提高土温、增强油菜的抗寒抗冻能力，还可以改善油菜根际微环境、改良土壤结构。一般每亩覆盖秸秆 200～300kg。

5. **适时翻压**

绿肥冬油菜在盛花期（初花后 10d 左右）生物量达到最大，翻压后土壤养分增加最多，此时进行直接翻压入田，培肥地力。

三、应用效果

经测定，种植冬油菜田间覆盖可达 90％以上，地上生物产量可达 15 000kg/hm² 以上。该技术主要具有增加冬春季地表覆盖、减少风沙及水土流失、提升农田景观、美化环境和优良有机绿肥的效果。

四、适用范围

适用于华北地下水严重超采的季节性休耕区。

二月兰绿肥旱作种植模式

一、概述

二月兰最佳播种时间是在玉米、谷子、高粱、棉花、大豆等作物苗期进行行间播种，冀中南地区可以在8月底至9月下旬主作物收获后等雨趁墒播种，全生育期不浇水。

二、技术要点

（一）播前准备

1. **种子选择** 采收的新鲜种子有后熟生理现象，因此，最好选择当年通过休眠期的新种进行种植，应精选或筛选种子，清除种子内杂物，做好发芽试验，准确掌握种子的发芽率和发芽势。

2. **精细整地** 北方二月兰种子小，种子500~600粒/g，播种深度要浅，因此播种地块一定要翻耕、耙平，达到上虚下实、无坷垃杂草。保证土壤足够的墒情，做到足墒下种，从而保证种子萌发和出苗。

3. **施基肥** 二月兰是十字花科作物，对于氮磷钾肥都比较敏感，特别是氮肥。一般来说，播种时可不施肥。亩施肥5kg尿素，能更好保证二月兰在冬前良好生长。

（二）精细播种

1. **播种时期** 冀中南地区二月兰播种时间不能晚于9月下旬，晚播则苗小易造成越冬死亡。各地应当根据当地具体情况，确定播种期播种。冀中南偏北一些的地区，应适当提前播种。二月兰种子具有高温休眠特点，冀中南、冀东地区均可在玉米、谷子、高粱、棉花、大豆等作物苗期进行行间撒播播种（套种），不进行任何处理。

2. **播种方式** 有撒播和条播2种方式。条播行距15～20cm，作物收获后撒播播种需用小四齿或平耙等工具翻土掩埋、镇压。有条件的可用专用工具或机械播种，无论哪种方式播种后都要耙平，适时镇压。管理粗放时需加大播种量，也可在苗圃育苗，移栽更容易成活，但较费工、费时。

3. **播种量** 亩播量1.0～1.3kg，条播比撒种可减少播种量20%～30%。整地质量好，土壤细碎可以相对节约播种量。农田套种可适当增加播种量，弥补作物采收时，人工、机械的踩踏损失。

4. **播种深度** 二月兰以浅播为宜，在保证出苗墒情播深1～2cm即可，墒情差的地块则需要播深2～3cm。8月底前播种的一般可不浇水，利用自然降雨即可出苗。

（三）田间管理

病虫害防治。二月兰极少感染病虫害，但天气阴冷潮湿、种植密度过大则易发病，可通过合理密植和化学药剂进行防治。

（四）适时翻压

全生育期不抽取地下水灌溉，不收获。下茬作物播种前10d，二月兰盛花期直接旋耕翻压入田，培肥地力。

三、应用效果

与常规技术相比，地力水平有所提升，土壤理化性状得到改善。

四、适用范围

适用于华北地下水严重超采的季节性休耕区。

黑麦草（绿肥）旱作种植模式

一、概述

9月下旬至10月上中旬，主作物收获后趁墒播种黑麦，全生育期不浇水。翌年夏种作物播种前10d将黑麦旋耕翻压作绿肥。

二、技术要点

（一）播前准备

1. **种子选择** 最好选择当年通过休眠期的新种进行种植，应精选或筛选种子，清除种子内杂物，做好发芽试验，准确掌握种子的发芽率和发芽势。

2. **精细整地** 播种地块一定要翻耕、耙平，达到上虚下实、无坷垃杂草。保证土壤足够的墒情，做到足墒下种，从而保证种子萌发和出苗。

3. **施基肥** 黑麦是禾本科作物，对于氮磷钾肥都比较敏感，特别是氮肥。作为绿肥利用，播种时一般不施肥。但亩施20kg尿素，能更好保证黑麦良好生长。

（二）精细播种

1. **播种时期** 黑麦以秋播为主，播期范围很大，9月下旬至10月10日为黑麦的最佳播期，最晚不迟于10月20日。

2. **播种方式** 播种方式以条播为主，也可撒播。条播行距15～20cm；撒播播种需用小四齿或平耙等工具翻土掩埋、镇压。

3. **播种量** 条播一般每亩播种7.5～10kg，视土质墒情、整地质量、种子发芽率高低等酌情增减；撒播播种量要增加 20%～30%。

4. **播种深度** 条播播种深度 4～5cm，具体深度还要视墒情、土质、整地等灵活掌握，但其变幅不宜过大。

（三）田间管理

1. **追肥** 为保证黑麦有较高的鲜草量，追肥是必要的。一般在黑麦返青后每亩追施尿素 15～20kg。

2. **病虫害防治** 黑麦极少感染病虫害，但天气阴冷潮湿、种植密度过大则易发病，可通过合理密植和化学药剂进行防治。

（四）适时翻压

全生育期不抽取地下水灌溉，不收获。下茬作物播种前至少 10d 要进行旋耕翻压入田，培肥地力。

三、应用效果

与常规技术相比，地力水平有所提升，土壤理化性状得到改善。

四、适用范围

适用于华北地下水严重超采的季节性休耕区。

果树环绕式滴灌水肥一体化技术

一、概述

环绕滴灌施肥是在原来的滴灌施肥技术基础上对滴头布置方式进行适当改进，同时配套相应的农艺技术措施。该项技术比较适用于苹果、梨和大桃等树干和根系较发达的果树。

二、技术要点

1. **系统组成** 环绕式滴灌施肥的首部枢纽由水泵、动力机、变频设备、施肥设备、过滤设备、进排气阀、流量及压力测量仪表等组成。田间灌溉设备包括支管、环绕式滴灌管和滴头。

2. **操作要点** 环绕滴灌每行果树沿树行布置一条灌溉支管，在每棵果树距离树干60～100cm处，围绕树干铺设一条环形滴灌管；在滴灌管上均匀安装4～6个压力补偿式滴头，形成环绕滴灌。

滴灌施肥技术。应用相应的施肥装置和水溶性滴灌专用肥，实现水肥一体化。在正常年型，全生育期滴灌5～7次，每亩总灌水量110～150m³。（表1）。

表1 苹果各个生育期需水规律及环绕式滴灌灌溉制度

生育阶段	耗水强度（mm/d）	灌溉次数	亩灌水定额（m³/次）
萌芽期	1.0～1.2	1	15～20
花期	1.8～2.0	1	15～20
新梢旺长期	2.6～2.8	1	15～20

（续）

生育阶段	耗水强度（mm/d）	灌溉次数	亩灌水定额（m³/次）
新梢停长期	1.1～1.3	1	15～20
新梢二次生长期	2.1～2.3	1～2	15～25
果实成熟期	1.9～2.1		
落叶期	1.1～1.3	1	30～40
全生育期		5～7	110～150

施肥技术。果树萌芽前，以放射沟或环状沟施肥方式施入三元复合肥（20-10-20）50～60kg，花后结合滴灌施肥1～2次，每次每亩滴施水溶性配方肥10～15kg，$N：P_2O_5：K_2O$比例以20：10：10为宜。果实膨大期结合滴灌施肥1～2次，每次每亩滴施水溶性配方肥10～15kg，$N：P_2O_5：K_2O$比例以19：8：27为宜。果实采收后，沿树盘开沟每亩基施腐熟有机肥3 000～4 000kg。

3. **配套技术** 枝条粉碎覆盖。果园修剪后的果树枝条用粉碎机粉碎后，将其均匀覆盖在树盘周围。每棵果树覆盖量45～60kg，覆盖厚度2～3cm。行间生草覆盖首先要选择适宜的草种，可以利用天然草，也可以人工种植。人工生草采用的草种以多年生草为主。豆科有三叶草、矮化草木樨、多年生香豌豆和小冠花，禾本科有多年生黑麦草、狗尾草等。生草制的草种可以单播，也可以混播，豆科与禾本科混播比例一般为1：1。生草制种植普遍采用行间生草，生草带宽度一般为果树行距的2/3，行内覆盖地膜或覆草。刈草是果园生草重点管理措施，全年刈割4～6次，刈割后覆盖树盘或株间，刈草留茬高度一般为5～10cm左右，以利草的再生。为了维持生草层，发现稀疏地段要及时补种，有鼠类危害时及时防治，间隔一定年限要耕翻压青，防止土壤紧实。此外生草制果园前期应适当增加施肥和灌水量。

施用保水剂。与果园施肥相结合，保水剂与土壤混合的比例为1：1 000～2 000，最好在果园施基肥时一并施入，且只能施在地下根系分布层，才能被根系吸收。幼树定植时，每穴施20～30g，成龄树视树体大小每穴施 50～100g。对于土层深厚、保水保肥能力强的壤土和黏土地，适当少施，对于土层浅、保水保肥能力差的沙土和瘠薄地，适当多施，一般增减幅度可在 20% 左右。施用保水剂必须与其他节水措施，如地膜覆盖、穴贮肥水、果园覆草等配合应用效果才能更加明显。保水剂不是造水剂，所以施后时间过长，同样满足不了果树生长发育所需水分，因此，施后应及时检查墒情，适时补水。但雨季要注意排水。

三、应用效果

与常规畦灌相比，节水 35%，节肥 15%，优质苹果产量提高 8%，亩节本增收 2 100 元，劳动生产率提高 20%～30%。

四、适用范围

适用于灌溉条件较好，生产技术水平较高，苹果、梨和大桃等树干和根系较发达的果园。

压砂瓜"坐水种"技术模式

一、概述

"坐水种"是针对作物播种时土壤水分不足致使出苗困难，采取机械或人工的方法从水池、水窖、水罐、水囊、水桶里取水，播种时按穴补灌，使种子吸水萌发顺利出苗的方法。即在播种的土坑先注水后播种，使作物种子恰好坐落在灌溉水湿润过的土壤上，然后覆土，防止水分蒸发。

二、技术要点

（一）砂地整理

前茬压砂瓜采摘结束后，及时清理瓜秧、田间杂草和残膜，以减少水肥消耗、杂草种子散落和避免形成新的白色污染，并适时秋耕松砂保墒 3 次，松砂深度 10～15cm。

（二）施肥

按照每生产 1 000kg 压砂瓜需纯氮 5.5kg、五氧化二磷 5.4kg、氧化钾 3.0kg 的标准施用化肥，按照每生产 1 000kg 压砂瓜施入商品有机肥料 300kg 或者腐熟的农家肥 500kg 的标准施用有机肥，搭配生物有机肥 40kg。一般结合松砂采用条施或穴施的方法，最好在秋季施用。

（三）品种选择

以受市场欢迎的抗病、抗旱、丰产、优质、耐贮运、商品性好的金城 5 号为主，搭配其他抗逆性强的品种。

（四）种子处理

1. **晒种**　在播种前晒种 2～3d。

2. **种子消毒**　温汤浸种：将种子倒入 55～60℃的温水中，不断搅拌 10～15min，待水温降至 30℃时，停止搅拌，静置浸种 4～6h，可有效杀死种子表皮所带病菌。药剂浸种：播种前种子用 100倍高锰酸钾溶液浸种 8～10h，防治苗期枯萎病、立枯病等病害。

3. **催芽**　种子消毒后捞出洗净黏液，置于 28～30℃的恒温环境中，保温保湿进行催芽，待种子有 60%扭嘴吐白后适时播种。

（五）播种

1. **播种期**　当土壤温度稳定通过 10℃，地表温度稳定通过 15℃时进行播种。一般播种时间在 4 月上旬至 5 月中旬。

2. **播种密度**　以 2 700～3 000 株/hm² 为宜（株行距 1.8m×1.8m 或 1.8m×2.0m）。

3. **播种方法**　有覆膜直播种植和育苗移栽两种。

（1）覆膜直播种植。先在土壤表层的砂石上刨一大小为 15cm×15cm×10cm 的种植穴，把种植穴内土挖松，随后灌水 1kg/穴；待穴内水下渗后将合格种子平放于湿土层表面；在平放的种子表层覆盖潮湿细土 1.5cm，再盖一层 1.0cm 左右的细砂砾，然后在种植行覆盖地膜。

（2）育苗移栽。先覆膜，在膜上按种植密度开口，并在膜下土壤表层的砂石上刨一大小为 15cm×15cm×10cm 的种植穴，把种植穴内土挖松；选择无风晴天定植，定植前往穴内灌足定植水 1kg/穴；将瓜苗放入穴坑内，覆土将移栽苗固定好，每穴浇入（1 000亿活芽孢/g 枯草芽孢杆菌可湿性粉剂 600 倍液）0.5kg，待药水渗下后，在瓜苗四周再覆盖一层厚度约 1.5cm 左右的细砂砾（固定秧苗即可，严禁用手挤压）。

（六）田间管理

1. 苗期 当瓜苗三叶一心时，根据天气情况及时破膜通风炼苗，具体方法是：在瓜苗侧边，将膜划"一"字口，如瓜苗紧贴膜面则用小石片支起进行通风；通风 1～2d 后，待环境温度稳定，再将膜划一"十"字口进行通风炼苗；至团棵后期（五叶一心）开始放苗，放苗时间在 16：00 以后为宜；放苗之后立即培土封窝。苗期主要防止晚霜冻害、瓜苗徒长与烧苗，缺苗地块及时催芽补种或育苗移栽。

2. 团棵至伸蔓期 根据田间植株长势和降水量情况适时进行补水追肥。生产季节无有效降水、砂地旱情比较严重的田块，补水 120～150m³/hm²。结合补水，穴追施商品生物有机肥 750kg/hm² 或穴追施 1∶1 沼液肥 1 500kg/hm²。

3. 开花至成熟期 坐瓜时，适当控制水分，促进坐果。当幼瓜生长到鸡蛋大小时及时选瓜，一般在 12 片叶左右选留果形好的瓜。进入膨大期水肥需求达到高峰，此时及时补充水肥，采取穴滴灌或微喷灌方法，补水量 150～180m³/hm²。穴追施充分腐熟的农家肥 1 500kg/hm² 或生物有机肥 750kg/hm²，有条件的每隔 7～10d 用 1∶1 沼液进行根外追肥。

（七）病虫害防治

1. 虫害 虫害主要有小地老虎、蒙古灰象甲、小灰象甲、金龟甲和蚜虫。

（1）地下害虫。 苗期地下害虫主要有小地老虎、蒙古灰象甲、小灰象甲、金龟甲等害虫，以新压砂地危害较为严重。幼虫危害根部从而造成断垄缺苗，成虫危害子叶和幼茎而导致植株萎蔫干死。防治多通过人工铲除田埂、路旁杂草，并集中焚烧消灭虫源，同时结合毒土进行诱杀。

（2）蚜虫。 个别植株蚜虫发生时，人工摘除虫叶或拔除虫株掩埋；张挂黄色诱虫板杀虫防蚜；用 0.6% 苦参碱水剂 400～500 倍

液喷雾防治或者用 2.5％阿维菌素 1 000 倍液喷雾防治；用 4.5％
高效氯氰菊酯乳油 2 000～4 000 倍液，或 20％溴灭菊酯乳油 4 000
倍液喷雾防治。

2. 病害 压砂瓜病害防治以错位种植、合理轮作、倒茬歇茬、
嫁接换根等措施为主。常见病害有蔓枯病、炭疽病、枯萎病、白粉
病、猝倒病。

(1) 蔓枯病。发病初期用 20％的井冈霉素，或多抗霉素 1 500
倍液灌根，也可用恶霉灵 1 200～1 500 倍液，或甲霜恶霉灵
1 500～2 000 倍液淋茎灌根。

(2) 炭疽病。农抗 120 水剂 200 倍液，或乙蒜素 2 000 倍液喷
雾，间隔 5～7d 1 次，连续喷防 2～3 次；25％的苯醚甲环唑 2 000
倍液，或 50％乙铝·锰锌可湿性粉剂 800 倍液，或 70％乙铝·多
菌灵可湿性粉剂 800 倍液，或 25％阿米西达悬浮剂 1 000 倍液，或
70％代森锰锌 500 倍液，或 72.2％普力克 800 倍液，或 64％杀毒
矾 500 倍液，或 77％可杀得 500 倍液等药剂喷雾，3～5d 用药 1
次，连喷 2～3 次，药剂要交替使用。

(3) 枯萎病。育苗移栽瓜苗用 1 000 亿活芽孢/g 枯草芽孢杆菌
可湿性粉剂 600 倍液浸根 5～10min；直播田发病初期，用 1 000 亿
活芽孢/g 枯草芽孢杆菌可湿性粉剂 600 倍液灌根，也可用 70％恶
霉灵可湿性粉剂 1 000 倍液灌根，每株灌药液 250～500g，每隔 5～
7d 灌 1 次，连续灌 2～3 次。

(4) 白粉病。25％百理通可湿性粉剂 1 000～1 500 倍液，或
40％杜邦福星乳油 6 000 倍液，或腈菌唑乳油 6 000 倍液，或 70％
甲基托布津可湿性粉剂 1 000～1 500 倍液，或 75％百菌清可湿性
粉剂 500～800 倍液，或 40％多硫胶悬乳剂 1 500～2 000 倍液，或
2％抗霜菌素 200 倍液喷雾。

(5) 猝倒病。恶霉灵 1 200～1 500 倍液，或甲霜恶霉灵
1 500～2 000 倍液，淋茎灌根。

（八）适时采摘，贴标销售

采摘前 20d 内严禁喷施各种农药，根据销售区域适时采摘，采用分级包装，贴标销售。

三、适用范围

适用于西北半干旱偏旱区的压砂瓜种植区。

菊芋全膜覆盖垄侧种植
旱作节水技术模式

一、概述

菊芋全膜覆盖垄侧种植，就是在地表起大小双垄后，用地膜全覆盖，在距垄沟底 3～5cm 的垄侧处播种菊芋。这种方法是利用垄沟相间的曲面形地表，通过垄的分水作用，地膜的阻渗作用，将自然降水汇集到种植沟，并沿播种孔、渗水孔直接渗到菊芋的根部，把覆盖抑蒸、膜面集雨、垄侧种植 3 项技术有机地融合为一体，最大限度提高自然降水利用率，增加耕层土壤水分含量，保证菊芋的生长发育。

二、技术要点

（一）选地与茬口

菊芋喜疏松、肥沃的土壤，宜选择在地势平坦、排水方便、耕层深厚、肥力较好的川地、塬地和梯田种植。前茬作物以小麦、豆类、玉米或蔬菜为好，避免与菊科或薯芋类作物连作。

（二）整地施肥

前茬作物收获后及时深翻晒垡，熟化土壤，纳雨增墒，消灭杂草。深翻耕深度 25～30cm，结合耕翻施腐熟农家肥 45 000～60 000kg/hm²，施尿素 330kg/hm²、磷酸二铵 325.5kg/hm²、硫酸钾 30kg/hm²。

（三）地膜覆盖

秋播种在霜降后，土壤封冻前覆膜。春播在早春顶凌覆膜，以土壤解冻后的 3 月上中旬为宜。覆膜前先起垄，规格为大垄底宽 70cm，高 10～15cm，小垄底宽 40cm，高 15～20cm，选用幅宽 120cm，厚度 0.01mm 的强力耐候膜进行覆盖（也可人工或用机械起垄覆膜一次完成），并每隔 2～3m 横压土腰带。覆盖地膜后 1 周左右，地膜与地面贴紧时，在沟中间每隔 50cm 处打一直径 3mm 的渗水孔，便于垄沟的雨水入渗。田间覆膜后，严禁牲畜入地践踏造成地膜破损。要经常沿垄沟检查，一旦发现破损，及时用细土盖严，防止大风揭膜。

（四）精选良种

选用菊糖含量高，适应性强，易于加工，高附加值的高产优质品种。青芋 2 号、青芋 3 号（紫皮），定芋 1 号（紫红皮）、定芋 2 号（白皮）等品种在全膜覆盖垄侧种植条件下产量可达 37 309.95kg/hm^2。

（五）种子处理及播量

菊芋用块茎进行无性繁殖，种子选择 20～25g 重的新鲜整个菊芋最好。切块种植以单种 35～40g 为好，并用 0.8% 的高锰酸钾水溶液浸种消毒 4min，播种量 1 200kg/hm^2 左右。

（六）播种

播种分秋播和春播，采用人工种植或机械起垄、种植、覆膜一次完成。

春季播种：在 3 月中下旬土壤解冻后进行。将菊芋以宽窄行结合的方式（宽行 70cm，窄行 40cm）种在大垄垄侧，株距 34.6～40.4cm，保苗 4.5 万～5.25 万株/hm^2，播深 10～15cm，每穴 1 粒种块。每块种芋 20～25g，且留 2～3 个芽眼。机播种块大小要均匀，以利于播种操作。

秋季播种：在霜降后，土壤封冻前进行。播种方法同春季播种。由于秋季播种的菊芋开春出苗早，生长期延长，其产量比春播可提高10％左右。

（七）田间管理

1. **苗期** 菊芋出苗期要进行田间检查，若发现地膜有破损和裂口，及时用湿土封严破损和裂口处，防止扩大或被风吹起；若雨后板结要及时破除，发现有窝苗情况要及时放苗，缺苗时及时补苗；如遇干旱，叶片发黄，有水源条件的地方可以补水1次。

2. **生长盛期** 现蕾初期进行摘蕾、摘花，以减少养分消耗，促使块茎膨大。

3. **块茎膨大期** 8月中旬块茎迅速膨大时，用0.3％～0.5％的磷酸二氢钾水溶液进行1～2次叶面喷肥，并摘除植株中下部发出的侧枝，保持通风透光。

4. **病虫害防治** 常见病害为菌核病，主要危害菊芋的茎。菌核病病菌在病株残体或种子上越冬，干燥条件下，病菌在土壤中可长期存活。发病初期，菊芋茎的中下部出现水渍状病斑，后逐渐变为灰白色（潮湿的条件下，病部呈现软腐状，同时表面产生白色霉层）。发病后期，发病部位的皮层霉烂成撕裂状，内有鼠粪状黑色菌核。

防治方法：在无病区或无病株上留种；播种前种子用10％稀盐水浸洗，再用清水反复清洗干净；与非豆科作物实行3年以上的轮作；及时清除田间病株、病残体，并将其带出田外深埋或烧毁；发病初期用50％扑海因可湿性粉剂1 000～2 000倍液，或40％菌核净可湿性粉剂1 000～1 500倍液，或50％多菌灵可湿性粉剂500倍液，每10～15d喷1次，连续3或4次。

（八）收获

菊芋的抗寒性非常强，一般情况下不会发生冻害现象，可以根据市场的需求进行收获。通常在 10 月中旬左右，当田间的植株 90％以上的茎叶干枯时，割除地上部的茎叶，然后采用人工或机械收获，防止损伤。收获后分拣，在背阴处晾晒 2～3d 运输或贮藏。菊芋包装选用塑料编织袋，既保湿，又通气，易于运输。

三、适用范围

适用于海拔 2 600m 以下，土壤质地为壤土或砂壤土的川地、塬地和梯田。

果树小管出流节水技术

一、概述

果树小管出流节水技术是将传统的穴贮肥水和小管出流进行结合，发挥各自的优点，提高灌水效率和水分利用效率的一项综合技术。小管出流流道直径比滴灌灌水器的流道或孔口的直径（0.5～1.2mm）大得多，而且采用较大流量出流，避免了滴灌系统灌水器易于堵塞的难题。涌泉灌（小管出流）是一种局部灌溉技术，只湿润果树根系活动层的部分土壤，提高了水的利用率。该项技术比较适用于山区地形复杂、有一定坡度的果园。

二、技术要点

1. **系统组成** 穴贮肥水小管出流的首部枢纽由水泵、动力机、变频设备、施肥设备、过滤设备、进排气阀、流量及压力测量仪表等组成。田间灌溉设备包括支管和出水毛管。支管主要用于田间输水，出水毛管主要实现小管出流。

2. **操作要点** 挖灌水施肥穴沿树冠投影外围，开挖深30～40cm、直径20～30cm左右的穴（坑），深度以挖至浅层根系分布层为宜；穴的数量根据果树树龄灵活确定，一般每株2～4个穴，均匀排布在果树的周围。

有机培肥保墒在每个穴中填入优质有机肥40～80kg。施肥后在上面均匀铺上粉碎的枝条和土层，并压紧封严；穴上方培成凹形，使营养穴低于地面1～2cm，形成盘子状，以便降雨时地表的雨水能流入穴中。

地膜覆盖保墒在穴的上部和果树树干周围覆盖黑色地膜，地膜边缘用土压严，增加保肥保水效果。在地膜中部戳一小孔，用于日后浇水施肥和降雨时蓄接雨水，将小管出流的出水毛管通过地膜的小孔插入每个穴中。

小管出流系统改进沿果树种植行方向铺设灌溉支管，安装直径4～8mm的毛管深入到每个穴中。改进原有出水方式，使原先的1条出水毛管在每棵果树中分出2～4条较小的出水毛管，与每个穴一一对应。

滴灌施肥技术。应用相应的施肥装置和水溶性滴灌专用肥，实现水肥一体化。在正常年型，全生育期滴灌5～7次，每亩总灌水量130～165m³（表1）。

表1　苹果各个生育期需水规律及覆膜沟灌灌溉制度

生育阶段	耗水强度（mm/d）	灌溉次数	亩灌水定额（m³/次）
萌芽期	1.0～1.2	1	20～25
花期	1.8～2.0	1	20～25
新梢旺长期	2.6～2.8	1	20～25
新梢停长期	1.1～1.3	1	20～25
新梢二次生长期	2.1～2.3	1～2	20～25
果实成熟期	1.9～2.1		
落叶期	1.1～1.3	1	30～40
全生育期		5～7	130～165

施肥技术。果树萌芽前，以放射沟或环状沟施肥方式施入三元复合肥（20-10-20）50～60kg，花后结合滴灌施肥1～2次，每次每亩滴施水溶性配方肥10～15kg，N：P_2O_5：K_2O 比例以 20：10：10 为宜。果实膨大期结合滴灌施肥1～2次，每次每亩滴施水溶性配方肥10～15kg，N：P_2O_5：K_2O 比例以 19：8：27 为宜。果实采收后，沿树盘开沟每亩基施腐熟有机肥3 000～4 000kg。

3. 配套技术　行间生草覆盖在果树行间，人工种植三叶草、鸭茅、小冠花等果园生草的草种或者采取自然生草的方法，每年定期刈割 2~3 次。也可以覆盖秸秆或粉碎的果树枝条等，降低果园温度，减少果园地表水分的蒸发。

施用保水剂与果园施肥相结合保水剂与土壤混合的比例为 1：1 000~2 000，最好在果园施基肥时一并施入，且只能施在地下根系分布层，才能被根系吸收。

三、应用效果

苹果采用穴贮肥水小管出流施肥技术，与常规畦灌相比，节水 30%，节肥 15%，节本增收 16.8%，劳动生产率提高 20% 以上。

四、适用范围

适用于灌溉条件较好、生产技术水平较高的果园。

华北设施蔬菜软体集雨节水技术

一、概述

针对设施蔬菜生产屏蔽自然降水、仅依靠超采地下水灌溉的问题，集成设施膜面和新型软体窖高效集雨、小流量微灌以及水肥一体化技术，充分蓄集天然降水高效利用水肥资源，以蓄集雨水替代地下水，提高灌溉水质量，在设施蔬菜上实现雨养生产，大幅度压减地下水超采，实现水肥耦合，控水减肥，提质增效，促进设施蔬菜生产向绿色、优质和可持续发展转型升级。

二、技术要点

1. **窖体设计** 根据华北地区降水条件和设施农业种植需求，优化膜面和窖面集雨面设计，利用设施大棚之间的空地建设适宜容积的集雨窖，在不硬化土地、不影响种植的情况下充分蓄集自然降水。

根据设施大棚一般为圆—抛物面复合型或拱圆形设计（表1），参考当地降雨量计算集雨量：

$$集雨量＝集雨面积×降水量×集雨系数$$

表1 设施棚面可集雨量测算

大棚长度（m）	集雨棚面（m²）	降雨量（mm）							
		200	300	350	400	450	500	550	600
60	360	68.4	102.6	119.7	136.8	153.9	171	188.1	205.2
70	420	79.8	119.7	139.7	159.6	179.6	199.5	219.5	239.4

（续）

大棚长度（m）	集雨棚面（m²）	降雨量（mm）							
		200	300	350	400	450	500	550	600
80	480	91.2	136.8	159.6	182.4	205.2	228	250.8	273.6
90	540	102.6	153.9	179.6	205.2	230.9	256.5	282.2	307.8
100	600	114	171	199.5	228	256.5	285	313.5	342

以上规格的设施大棚集雨面为 360～600m²。华北地区年均降水量为 500～600mm，仅用设施棚面作为集雨面，每亩设施种植面积可集雨量为 200～250m³，可基本满足一季作物生长需水，两季作物则不足。

除了设施棚面外，软体水窖的窖面本身也是良好的集雨面。华北地区大棚之间南北向间隔在 4～6m，有 3～5m 的空间可用于安装水窖，集雨面可按照窖面宽 3m，长度与大棚长度相同计算。

考虑水窖窖面，集雨总面积增加为 540～900m²，华北地区年均降水量为 500～600mm，可集雨量为 280～500m³。每亩设施农业集水量如达到 400～500m³，可基本满足一年两季蔬菜节水灌溉生产所需水量。

2. **窖体安装**　配置新型软体窖（池），密封储水，无蒸发渗漏，保证蓄水质量。为保证足够的阳光照射，大棚预留 6～8m 的空地。选取合适的地址，先按照水窖的尺寸进行土方作业，挖一个水窖预置坑。把水窖包装打开，将水窖打开后放入到挖好的坑内，拉伸并用钢钎固定。由于 100m³ 以上的大容量水窖较重，为了安装方便，可以用鼓风机把水窖充气鼓起来，更容易把水窖展开和安装。

3. **安装施肥设备**　配备小流量微灌和精准施肥设备，推动水肥调控设施装备升级，提高自动化、精准化、抗堵塞能力。设施水肥一体化技术系统一般由水源、首部、管网和灌水器 4 个部分组成，其中设施作物灌溉水源多为地下水，首部包括过滤器和施肥器，管网包括棚内支管和毛管，灌水器为毛管上的滴头。

4. 集成水肥一体化

(1) 设施设备。 综合分析土壤、作物布局和水源等因素，专业人员设计系统，布置毛管和灌水器，安装灌溉、施肥设备，水压试验、系统试运行。

(2) 水分管理。 根据作物需水规律、土壤墒情、根系分布、土壤性状和设施条件，制定灌溉制度（灌水量、灌水次数、灌溉时间和每次灌水量）。湿润深度：蔬菜 0.2～0.3m，果树 0.3～0.8m。

(3) 养分管理。 按照作物目标产量、需肥规律、土壤养分含量和灌溉制定施肥制度（施肥次数、时间、养分配比和施肥量），选择溶解度高、腐蚀性小的肥料，优先施用配比适宜的水溶性肥料。

(4) 水肥耦合。 按照肥随水走、少量多次的原则，将作物总灌溉水量和施肥量在不同的生育阶段分配，制定灌溉施肥制度（基肥与追肥比例，灌溉施肥的次数、时间、灌水量、施肥量等）。

三、应用效果

相较传统集雨技术，在成本上可以降低 50％以上，且安装简便，无需频繁清淤。单个标准大棚一年可循环集雨 400m³左右，可以替代抽取地下水，按一年两季中等耗水蔬菜生产计算，节水压采率为 80％。

四、适用范围

适用于我国降雨量为 500～600mm 的设施蔬菜种植地区。

西北果园软体集雨节水技术

一、概述

果树软体集雨窖水肥一体化技术模式，是以新型软体集雨窖收集雨水或贮存客水为水源，通过滴灌系统进行补充灌溉，同时将肥料配兑成肥液，在灌溉的同时将肥料输送到作物根部土壤，适时满足果树对水分和养分需求的一种现代节水农业集成新技术。

二、技术要点

（一）窖体计算

集雨窖一年中可实现多次降雨蓄积，上一年度蓄积的雨水可供来年春季使用，雨季使用过程也可不断循环集用。据估算，年软体水窖集雨量一般可实现水窖单体蓄水量的 1.2 倍以上。按照西北地区年平均降雨量为 550mm 测算，可得出集雨量与水窖蓄水体积与集雨面对照参考（表 1）。

表 1　集雨量与水窖蓄水体积与集雨面参考

集雨量（m^3）	水窖蓄水体积（m^3）	年平均降雨量 550mm 集雨面（m^2）
10	8.3	15
20	16.7	28
50	41.6	75

在西北旱作区补灌主要针对春季旱期和中后期关键追肥时采用补灌（表 2）。

表 2　蓄水量水窖与果树作物补灌水量及面积对应关系

	亩补灌水量 （m³/次）	软体水窖 容积（m³）	循环蓄 水量（m³）	推荐补灌面积、次数
		8	10	2 亩根区注灌 3 次，或 1 亩滴灌 2～3 次
果树	3～5	20	24	4 亩根区注灌 3～4 次，或 2 亩滴灌 3 次
		50	60	6 亩根区注灌 6 次，或 4 亩滴灌 3～4 次

（二）果园水肥一体化配置

1. 注灌水肥一体化设备　注灌水肥一体化是利用软体集雨窖续集雨水，通过增压泵加压的水和肥液经软管和注灌器，快速注射到植物根部土壤。较滴灌水肥一体化技术模式，可以进一步降低灌水用量，在干旱时期、集雨较少时，可以对果园进行有效灌溉，一棵树灌注 0.025～0.03m³ 水或肥液，可以有效保障果树生长。在使用时需要使用进水管链接水窖和注灌泵，同时在注灌泵的另一端由出水管链接注肥枪。注灌过程中，将注肥枪插入果树根区，通过主管泵压力将水或肥液注入，可以有效减少水分的地表蒸发和地下渗漏。

2. 滴灌集雨窖水肥一体化设备　软体集雨窖水肥一体化首部的作用是从集雨窖取水增压（如有必要），并将其处理成符合微灌要求的水流送到系统中去。包括加压设备（水泵、动力机）、注肥设备、过滤设备、控制阀、进排气阀、压力流量仪表等。

（三）水肥一体化技术

1. 灌溉制度的制定　由于灌水模式分为灌注模式和滴灌模式。灌注模式是在水源较少的情况下，通过高效灌水方式，确保果树生长有足够的水分供应，所以在灌注模式下，采用等额灌水量，每次每棵树灌水 0.025m³，在每亩 70 棵果树的情况下，亩灌水总量为 2m³。

在水源充足的条件下，采用滴灌模式，滴灌需要确定滴灌制度。灌溉制度包括全生育期内的灌水次数、灌水周期、灌水的延续时间、灌水定额以及灌溉定额。灌溉制度随果树种类与品种、土壤与气象等自然条件、灌溉条件、设施条件以及农业技术措施而不同。

2. **施肥制度的制定** 施肥制度（针对追肥而言）包括总施肥量、每次施肥量、养分配比、施肥时期和肥料品种等。与常规施肥方式相比，水肥一体化的施肥制度有如下特点：一是必须采用水溶性好的肥料。滴灌施肥和微喷灌施肥必须采用全水溶性的肥料。二是总施肥量降低。这是由于灌溉施肥下肥料直接作用于作物根区，利用率较高。三是"少量多次"，与灌溉制度相似，灌溉施肥下的每次施肥量减少，而施肥的次数增加，这样更有利于将作物根区养分浓度维持在相对稳定的水平，促进作物吸收。

不同树龄果树的产量不同，养分需求也相应不同。一般而言，萌芽期到开花初期养分配 $10\%\sim20\%$，氮、磷比例较高一些；开花期到坐果期养分配 $20\%\sim30\%$，氮、钾比例较高一些；果实膨大期养分配 60% 左右，钾的比例高一些。

（四）灌溉施肥制度

灌溉施肥制度的拟合原则是肥随水走，分阶段结合，即将肥料按照灌水时间和次数进行分配。追肥次数和追肥量取决于灌溉方式，采用滴灌施肥、喷灌施肥等方式时追肥次数尽量增加，每次施肥量相应降低，最好是每次灌溉都施肥。表3、表4为按照苹果灌溉制度和施肥制度拟合而成的水肥一体化方案。

表3　初果期苹果树水肥一体化方案

生育时期	灌溉次数	灌水定额（m³）	每次灌溉加入灌溉水中的纯养分量（kg）				备注
			N	P₂O₅	K₂O	N+P₂O₅+K₂O	
基肥	1	25	3.0	4.0	4.2	11.2	树盘灌溉
花前	1	20	3.0	1.0	1.8	5.8	滴灌或微喷
初花期	1	15	1.2	1.0	1.8	4.0	滴灌或微喷
花后	1	15	1.2	1.0	1.8	4.0	滴灌或微喷

（续）

生育时期	灌溉次数	灌水定额（m³）	每次灌溉加入灌溉水中的纯养分量（kg）				备注
			N	P_2O_5	K_2O	$N+P_2O_5+K_2O$	
初果	1	15	1.2	1.0	1.8	4.0	滴灌或微喷
果实膨大期	1	15	1.2	1.0	1.8	4.0	滴灌或微喷
合计	7	120	12	10	15	37	

表 4　盛果期苹果树水肥一体化方案

生育时期	灌溉次数	灌水定额（m³）	每次灌溉加入灌溉水中的纯养分量（kg）				备注
			N	P_2O_5	K_2O	$N+P_2O_5+K_2O$	
基肥	1	35	6.0	6.0	6.6	18.6	树盘灌溉
花前	1	18	6.0	1.5	3.3	10.8	滴灌或微喷
初花期	1	20	4.5	1.5	3.3	9.3	滴灌或微喷
花后	1	20	4.5	1.5	3.3	9.3	滴灌或微喷
初果	1	20	6.0	1.5	3.3	10.8	滴灌或微喷
果实膨大期	1	20	3.0	1.5	6.6	11.1	滴灌或微喷
合计	7	153	30.0	15.0	33.0	78.0	

　　由于每次灌水量较为固定，且用水量较小，肥料将主要以土施为主，配合 3 次注灌，6～9 月主要依靠天然降水（表5）。

表 5　苹果树注灌水肥一体化方案

生育时期	灌溉次数	灌水定额（m³）	每次灌溉加入灌溉水中的纯养分量（kg）				备注
			N	P_2O_5	K_2O	$N+P_2O_5+K_2O$	
基肥			15.5	11.0	16.6	18.6	环施
花前	1	2	6.0	1.5	3.3	10.8	灌注
初花期	1	2	4.5	1.5	3.3	9.3	灌注
果实膨大期	1	2	4	1	9.8	4.0	灌注
合计	3	6	30.0	15.0	31.0	78.0	

三、应用效果

软体集雨窖充分利用自然降水，减少了对地下水的开采。同时通过水肥一体化适时适量地将水和营养成分直接送到作物根部，提高了水和肥料利用率，果园的灌溉水利用系数可达 0.9 以上。

四、适用范围

适用于我国降雨量 400~600mm 果树种植地区。

华北滨海地区设施膜面集雨水肥一体化技术

一、概述

设施农业膜面软体集雨窖水肥一体化技术是在设施农业上通过集成设施膜面、软体集雨窖和水肥一体化技术，充分利用自然降水，提高水肥利用效率，保障设施农业生产需求，促进可持续发展的新型绿色节水农业措施。

当前北方设施蔬菜生产主要依赖地下水进行灌溉，灌溉用水量较大，地面灌溉方式年每亩平均 $450m^3$ 以上。在当今水资源紧缺，地下水超采严重，设施农业水肥消耗量大、利用率低的情况下，本技术集成设施大棚膜面、新型软体集雨水窖和水肥一体化技术，在设施蔬菜作物上开发利用雨水资源，通过水窖收集的雨水，可有效补充水源。相比地表水，可明显改善水质。在浅层地下水和地表水矿化度较重的地区，难以满足蔬菜种植水质要求，集雨窖收集的雨水含盐量低、中性或微酸性，适合作物生长对水质的要求。

二、技术要点

(一) 软体水窖选型

根据棚室空间大小确定软体水窖规格。软体水窖一般可有两种规格，①$100m^3$ 软体集雨窖。主要针对 8m 宽、60m 长的日光温室设施大棚。软体集雨窖窖体宽 3.15m，长 30m，深 1.1m，水窖集雨面为宽 5.15m，长 32m，$165m^2$，棚膜集雨面 $480m^2$。②$200m^3$

软体集雨窖。主要针对 8m 宽、90m 长的日光温室设施大棚或者玻璃连栋温室。软体集雨窖窖体宽 3.15m、长 60m、深 1.1m，水窖集雨面为宽 5.15m、长 62m，320m²，棚膜集雨面 720m²。玻璃连栋温室可结合集雨槽进行管道集雨到水窖。

（二）技术构成和安装

设施膜面软体集雨窖水肥一体化技术系统，包括设施大棚棚膜面、软体集雨窖和水肥一体化系统。水肥一体化系统由水源、首部、管网和灌水器 4 个部分组成。其中设施作物水肥一体化灌溉水源多为地下水，首部主要包括阀门、过滤器和施肥器，管网包括棚内支管和毛管，灌水器为毛管上的滴头。

设施大棚棚膜面与软体集雨窖集雨面对接，集雨面软体材料压在棚膜下，重叠 5～10cm 即可，水肥一体化管网系统布置在温室大棚里，其管网与棚室外集雨窖体底部出水口通过 PVC 管道连接。棚与棚之间空地前布置安装软体集雨窖，从集雨窖底侧连接出水管，一般出水管为 PVCϕ50，管道上依次安装逆止阀、水泵，分别通过 PVCϕ50 向混肥池和棚室输水，在棚室输水管道上依次布置 ϕ50 管径的球阀、过滤器，到棚室支管通过 PVCϕ50 直接变径为 PEϕ40，毛管连接到 PEϕ40 支管上。另外，泵前段从混肥池并联 PVCϕ50 到主管道上，实现注肥的效果，混肥池中并联管道前段安装逆止阀。

滴灌水肥一体化系统组成及参数：一般 PE 支管 ϕ32，长 60～90m，滴灌管铺设在垄中间，每根长 8～10m，间距 0.8～1.2m，滴灌管：ϕ16，壁厚 0.4mm，流量 1.38～1.7m³/h。过滤器一般选用网式过滤器，棚内施肥装置可选文丘里器、比例施肥器或注肥泵，溶肥装置选用棚内 3～5m³ 软体圆柱形混肥池。

（三）操作方法

在软体水窖、棚内水肥一体化系统设备都安装并连接好后，主要是应用好设施膜面软体集雨窖水肥一体化技术。按照水肥一体化系统角度，具体方法分为两个环节：

1. **设施膜面软体集雨窖集雨面联合设施棚膜集雨面收集雨水**

在雨季时节，提前做好软体集雨窖集雨面和设施棚膜面衔接，并清理水窖集雨面和设施棚膜衔接处杂物（包括杂草等），借助软体集雨窖集雨面联合设施棚膜集雨面有效收集雨水。

2. **设施作物水肥一体化操作**　一般分单一灌溉和灌溉施肥。在需要灌水时，开启水窖水源水泵，将水注入棚室内水肥一体化管网中，实现灌溉。在灌溉同时需要施肥时，可打开棚内施肥装置文丘里器或比例施肥器或注肥泵，将提前溶好肥料的混肥桶中肥液同时注入管道中，实现灌溉施肥水肥一体化。施肥前先滴清水，压力稳定后再施肥，施肥后再滴清水清洗管道。施肥应注意肥液浓度，避免肥害。要定期检查，及时维修系统设备，防止漏水，及时清洗过滤器。首次灌溉前和末次灌溉后应用清水冲洗系统。在设施温室大棚冬季时使用，一般需要在灌溉的 3d 前将温度较低的软体集雨窖收集的雨水提前抽取到棚内混肥池中进行提温。灌溉施肥具体过程按照水肥一体化技术要点规范执行，做好设备系统设计、安装、维护和水分、养分管理。

（四）配套措施

设施膜面软体集雨窖水肥一体化要发挥好作用，必须做好相关配套措施，主要包括水窖水位自动监测、集雨窖集雨面与棚膜结合程度、配套棚内混肥池、潜水泵选型等方面措施。

水窖水位自动监测措施，由于水窖集雨面不透明，水窖水位无法目视，应配套在水窖里放置电子水位监测仪，与配套水泵管理，保证水泵正常安全运行。

水窖集雨面与棚膜衔接措施，在夏季降雨集中时设施大棚棚膜会不定期、不同程度打开下风口，因此应在降雨时及时放下下风口，并做好水窖集雨面与棚膜无缝衔接，最大限度发挥棚膜集雨面的功能，同时也有利于雨水对棚室作物的影响，避免棚内空气湿度增加。

配套棚内 3～5m³ 混肥池和水泵措施,一方面可解决设施大棚灌溉水源水压低问题影响水肥一体化有压灌溉要求,一般先储存到混肥池中,通过微小型离心泵,实现有压灌溉和水肥一体化施肥;另一方面,通过配套混肥池储存水作用,在设施大棚冬季灌溉前将水窖低温水提前 3d 抽到混肥池中,可有效解决冬季水窖水低温问题,提升灌溉水温,保证灌溉水达到棚内作物生长适宜温度。

三、应用效果

该技术主要实现集雨窖、棚膜联合雨水水源收集与棚室内水肥一体化技术集成,有效集雨技术、高效节水灌溉、水肥耦合的一体化集成,土壤栽培实现雨水替代深层地下水 60% 以上,基质栽培实现 100% 替代;改善灌溉水质,相比浅层地下水或河沟地表水,雨水含盐量明显较低、中性或弱酸性,本技术最大效果就是提供优质雨水水源,解决了温室冬季生产用水与夏季集中降雨时间上的不匹配。通过系统首部一个泵实现控制抽水、有压灌溉施肥功能,具有节水、节肥、省工、改善水质、增产、增效的效果。相比其他集雨技术有以下优点:

1. **软体集雨水窖成本低** 按照建一个 100m³ 软体集雨窖成本 28 000 元,相比传统砖砌水泥水窖成本需 50 000 元,成本降低了 44%。

2. **生态环保** 该技术最大生态优势,开辟优质新水源,通过收集雨水,降低地下水开采强度。软体水窖可量身制作,不需硬化工程,产品使用后无需进行生态修复,只需简单地面平整。不产生渗漏,防止水土流失,不破坏原土地植被系统,保持原有生态环境。软体水窖无任何无机污染和有机污染,无土壤污染渗透,无污染物残留。

3. **水质安全** 软体水窖存储雨水相对封闭,无绿苔,无异味,水质透亮安全。改善水质:通过棚窖收集的雨水,很少有杂质进入，含盐量低，EC 不到 $200\mu S/cm$，水质明显优于浅层地下水，甚至优于深层地下水和地表河水，一方面适合微灌水肥一体化利用，另一方面有助于提高蔬菜产量和品质。如天津市西青区浅井水 pH 为 8.2，EC 高达 $3\,000\mu S/cm$，对设施蔬菜生长产生明显的抑制作用，导致产量下降、品质降低（表1）。

表1　天津西青区设施基地不同水源水质对比

水源	pH	EC（$\mu S/cm$）
纯净水	8.0	41.2
河水	7.7	1 643
深井水	8.5	740
浅井水	8.2	3 000
水窖水	7.1	188.1

四、适用范围

适用于水资源紧缺，年降雨量在 400mm 以上，棚间空间基本闲置，一般要求棚间距离在 7m 以上的设施农业种植区。尤其是在地下水超采严重、浅层地下水和地表水矿化度较高的设施农业种植区需求更大。

西北马铃薯全生物降解
地膜覆盖技术

一、概述

 针对西北旱作梯田和水浇地春播马铃薯种植区，选取合适的全生物降解地膜覆盖方式，不仅可以增加土壤温度，尤其是春马铃薯生育前期土壤温度，保持土壤水分，缩短春马铃薯生育期，提高马铃薯产量，也可以起到减少残膜污染的作用，实现马铃薯的节水高效种植。

二、技术要点

（一）选地

 选择地势平坦、土壤酸碱度适中的砂质壤土或轻壤土。以 3 年轮作制为宜，适合与谷子、麦类、玉米等禾谷类作物轮作。

（二）品种选择

 选用早、中熟、优质、高产、抗逆性强的马铃薯品种：陇薯10 号、青薯 9 号、兴佳 2 号、克新 1 号、早大白、大西洋、费乌瑞它、夏波蒂等。播前一周，种薯出窖后，挑拣出不合格薯块。若切薯播种，每块 15～30g，留 1～2 个芽眼；切薯前用 0.1％的高锰酸钾溶液交替浸泡切刀进行消毒。

（三）整地施肥

 在播种时，每亩施用尿素 40kg、过磷酸钙 100kg、磷酸二铵

25kg 或相当养分的复合肥，深耕，精细整地，做到土壤表面平、细、松、净。根据马铃薯的生长情况进行追肥，结合除草、中耕、浇水进行。第一次在出苗后开花前，施以硫酸铵、尿素等氮肥为主，第二次在现蕾盛期，施以硫酸钾等钾肥为主，并配合施以过磷酸钙、硫酸钾镁和微量元素。

（四）全生物降解地膜要求

全生物降解地膜的应用要实现"五性"和配套的农艺措施。"五性"是指：一安全性。符合《全生物降解农用地面覆盖薄膜》（GB/T 35795—2017）要求，产品本身没有对环境不友好的成分，能够全部降解，降解产物最终是二氧化碳和水；二是操作性。产品要具有一定机械强度，满足覆膜机作业要求，不存在断裂和黏连等情况；三是功能性。指产品要具有增温、保墒和杂草防除等性能，尤其在北方地区要能基本满足作物增温保墒需求，西北马铃薯种植全生物降低地膜的有效功能期一般在 75～90d；四是可控性。能够适应不同地区及作物对覆盖时间的要求，实现降解的可控可调；五是经济性。产品成本需要随材料、配方和生产工艺的改进完善逐渐降低，缩小与聚乙烯地膜之间成本的差距。而农艺配套性则指通过农艺措施来弥补生物降解地膜的不足，从而实现其应用目的。

（五）技术模式

4 月中下旬开始播种。

1. **大垄双行模式**　用 2CM-1/2 型大垄双行马铃薯种植机机械铺膜播种，一次完成种植作业。播种、覆膜连续作业的行进速度要均匀一致，走向要直，膜铺平展，松紧适中，紧贴地面，同时膜边压实土，膜面留有足够采光面。每隔 1.5m 压上一条土带，防止大风吹起地膜。

2. **双垄沟模式**　采用机械覆膜人工点播，首先用划行器在距地边 20cm 处划行，大行靠地边，宽 80～85cm，小行宽 40cm。在大行地表按施肥标准撒施化肥，然后用步犁沿用大行划线向中间来回翻耕起大弓形垄，垄沟宽 40cm，垄高 25～30cm。

（六）覆土

播种 20d 左右，在地膜上覆一层 3～5cm 的土壤，实现马铃薯幼苗自动破膜出土。注意掌握好再覆土的时间，重点是观察马铃薯发芽情况，过早再覆土会影响太阳辐射进入土壤，降低地膜增温性，过晚会导致马铃薯幼苗无法自动破膜，需要增加人工掏苗，降低马铃薯出苗率。

（七）节水灌溉

在生育前期，加强除草、中耕、培土，适当浇水灌溉，进入结薯期后，每隔 5～7d 放水灌溉 1 次，滴灌时以保持土壤湿润疏松为宜。

（八）中耕锄草

中耕培土时，除草和追肥同时进行，第一次在马铃薯出苗后杂草刚刚长出时进行，第二次在马铃薯苗高 15cm 左右时进行，每次上土 3～5cm，上土时根据苗情追施氮肥。

（九）晚疫病防治

发现病株应及时拔除，防控农药每亩依次选用：80％代森锰锌可湿性粉剂 100g，或 75％代森锰锌水分散粒剂 100g，或 77％氢氧化铜可湿性粉剂 100g。

三、应用效果

比传统栽培可以缩短马铃薯生育期 5～7d，实现马铃薯生育前期较裸地增温 1.5℃，马铃薯产量较裸地提高 10.0％以上。实现生物全降解，节省残膜手工或机械回收作业。

四、适用范围

适用于西北旱作梯田和水浇地春播马铃薯种植区。

新疆加工番茄全生物降解地膜覆盖技术

一、概述

新疆加工番茄采用全生物降解地膜覆盖种植方法，能够克服现有的聚乙烯地膜残留污染，如果配以膜下滴灌技术，并保证生物降解地膜有效实现增温保墒和杂草防除功能不低于 65d，就可最大程度减少地膜残留污染，进而实现增产保收与减少环境污染双赢。

二、技术要点

(一) 整地与施肥

覆盖地膜前一周，要对灌溉农田进行翻耕，翻耕的同时施肥。其中，翻耕深度为 30cm。每亩施用加工番茄专用基肥，氮肥（N）16kg、磷肥（P_2O_5）20kg、钾肥（K_2O）16kg。

(二) 覆膜

选择符合《全生物降解农用地面覆盖薄膜》（GB/T 35795—2017）要求的全生物降解地膜，有效增温保墒和杂草防除功能期不低于 65d，满足覆膜机械作业的强度要求。

4 月中旬，在灌溉农田中利用覆膜机械，每隔 30cm 覆盖一条全生物降解地膜，宽 120cm。覆膜同时起垄，垄高 10cm，垄宽 150cm。全生物降解地膜外周边缘采用机械覆盖，膜上进行机械覆土，并且膜下跟铺一条滴灌带（图 1）。

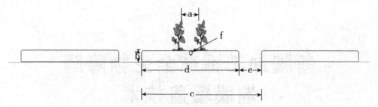

图1 加工番茄覆膜移栽示意图

a. 行距　b. 垄高　c. 垄宽　d. 覆膜宽　e. 覆膜行距　f. 滴灌带

（三）移栽

在灌溉农田的土壤含水量适宜、土壤温度≥10℃时进行移栽，移栽的加工番茄秧苗带有营养基质，每孔1株，移栽的时间为4月中下旬，每垄种植两行，株距30cm，行距25cm。

（四）中耕

6月初使用机械对垄间中耕一次，进行松土和除草。

（五）灌溉施肥

从6月1日开始，每周一次水肥一体化膜下滴灌，共进行9次滴灌施肥，每亩灌溉用量30m³、氮肥（N）25kg、磷肥（P_2O_5）25kg、钾肥（K_2O）25kg。

三、应用效果

加工番茄生长后期如遇多雨天气或灌水不均匀，会产生聚乙烯地膜表层兜水使得田间湿度加大，伴随高温天气会导致5%～8%的番茄发霉、腐烂。而全生物降解地膜一般在60～65d时开始有裂痕，水分会随着裂痕渗入土中，减少番茄发霉、腐烂。同时，在番茄采收时，50%～70%全生物降解地膜破裂和降解，降低了地膜缠绕采收机绞轮情况的发生，提高了加工番茄采收作业效率和商品率。

在新疆现有的生产条件和模式下，与聚乙烯地膜相比，全生物降解地膜覆盖番茄的产量、产值和纯利润与聚乙烯地膜持平。全生物降解地膜应用于新疆加工番茄，在生产经济上是可行的。

四、适用范围

适用于西北特别是新疆地区加工番茄生产。

东北有机水稻全生物降解
地膜覆盖技术

一、概述

高品质水稻具有巨大市场需求，在东北地区发展迅速，但有机水稻的种植面临杂草防除困难的挑战。通过机械覆膜移栽技术、全生物降解地膜应用于有机水稻高效种植，可实现节水增效和防治地膜残留污染。

二、技术要点

（一）育秧

选择抗病、高产的优质品种，在3月中下旬育秧，用1%～1.2%的石灰水对稻种进行消毒清洗处理，用壮秧剂均匀拌种进行播种育苗。

（二）整地施肥

在4月底或者5月初，选好稻田后每公顷一次性施入有机肥2t，通过泡田、整地、耙地，将田整好，保持2～3cm的水层，等待插秧。在整地质量方面，通过泡田、整地、耙地，实现田面水平，土壤呈均匀糊糊状，没有大块杂物，以免机械移栽时出现不畅。

（三）插秧移栽

在5月上旬，当秧苗长至5～8cm、有3～4片叶子时，用覆膜移栽一体机进行水稻覆膜和插秧移栽，株距为 30cm×20cm，一穴 3～5 株苗。

在地膜选择上，选择符合《全生物降解农用地面覆盖薄膜》（GB/T 35795—2017）要求的全生物降解地膜，选用厚度 0.01mm 的黑色地膜，要求强度和韧性好，功能期在 80d 以上。在移栽机选择方面，要尽量选择覆膜移栽一体机，机具作业稳定性好，覆膜插秧后地膜要紧贴土壤，防止地膜浮在水层上。

（四）水肥管理

有机水稻在插秧后不再进行施肥作业，但需要注意水分管理，水稻生长季膜上始终保持 2～3cm 水层。

（五）除草

一般情况下，由于采用全生物降解地膜进行覆盖，水稻田的杂草会被抑制或者高温杀死，但要注意膜间、水稻蔸孔的杂草生长情况，应及时清除。

三、应用效果

（1）可以提高地温，增加有效积温，年增加有效积温 300℃左右，可以跨越一个积温区种植比当地晚熟 7～10d 的优质晚熟品种。

（2）可以实现节水 30％左右，膜上始终保持 2～3cm 水层，有利于提高地温，膜下始终处于湿润状态，有利于土壤气体交换，节水效果明显。

（3）可以利用膜下高温杀灭各种杂草，不使用除草剂，同时膜下高温可以促进土壤中的有机肥料分解，促进根系发育。

（4）增产增收效益显著。有机水稻亩产可达 550kg，每千克收购价格高于市场价格 1.7～1.8 元，亩收入提高 900 元左右。

四、适用范围

适用于东北地区有机水稻种植。

华北春播马铃薯全生物降解地膜覆盖技术

一、概述

针对华北集约农区灌溉农田马铃薯种植区，选取合适的全生物降解地膜覆盖，不仅可以增加土壤温度，尤其是春马铃薯生育前期土壤温度，保持土壤水分，缩短春马铃薯生育期，提高马铃薯产量，也可以起到减少残膜污染的作用。对覆膜、翻耕、起垄、施肥、追肥、播种及马铃薯病虫害防控一系列措施进行了改进，为马铃薯的节水高效种植提供了理论和实践基础。

二、技术要点

（一）选地

选取具有灌溉条件的农田作为春马铃薯的种植用地。

（二）整地与施肥

对农田进行翻耕，翻耕的同时施肥，然后起垄。其中，翻耕深度为 20～30cm。起垄时，垄下底宽 90～100cm，垄上面宽 30～40cm，垄高 20～30cm。施用马铃薯专用基肥，每公顷施氮肥（N）180kg、磷肥（P_2O_5）70kg、钾肥（K_2O）80kg。

（三）播种

在农田的土壤含水量适宜、土壤温度≥10℃时播种，播种的时间为 3 月中下旬，每垄种植两行，株距 35cm（图 1）。

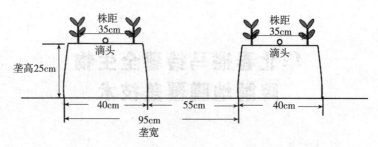

图 1　马铃薯生物降解地膜覆盖栽培技术

（四）滴灌

滴灌管沿着垄的长度方向布设于垄面中部。马铃薯生育期内，应根据该地区降雨量及地面水分蒸发情况，适时进行灌溉，一般生育期内灌溉 5 次，每次每亩灌水量 20～30m³。

（五）覆膜

选择符合《全生物降解农用地面覆盖薄膜》（GB/T 35795—2017）要求的全生物降解地膜，有效增温保墒和杂草防除功能期不低于 75d，满足覆膜机械作业的强度要求。

在每垄上机械或者人工覆盖厚度不低于 0.01mm，宽度为 1m，断裂标称应变纵（横）≥150%（≥250%）的生物降解地膜，周边用土壤覆盖，并每隔 3～5m 在地膜中间压土，防止风将地膜吹起。

（六）覆土

播种 20d 左右，一般 4 月上旬在地膜上覆一层 3～5cm 的土壤，实现马铃薯幼苗自动破膜出土。注意掌握好再覆土的时间，重点是观察马铃薯发芽情况，过早再覆土会影响太阳辐射进入土壤，降低地膜增温性，过晚会导致马铃薯幼苗无法自动破膜，需要增加人工掏苗，降低马铃薯出苗率。

（七）追肥

在 5 月上旬及 6 月上旬，分别进行两次追肥，两次施肥每公顷施氮肥（N）90kg、钾肥（K_2O）150kg、磷肥（P_2O_5）80kg 和氮肥 96（N）kg、钾肥（K_2O）216kg、磷肥（P_2O_5）80kg。

三、应用效果

比传统栽培可以缩短马铃薯生育期 5～7d，实现马铃薯生育前期较裸地增温 1.1℃，马铃薯产量较裸地提高 10.0％。

四、适用范围

适用于华北春播马铃薯种植。

设施草莓水肥一体化技术

一、概述

草莓水肥一体化技术是指在有压水源条件下，利用施肥装置将配制好的水肥混合液肥，通过微灌系统均匀稳定适时适量地输送到草莓根部土壤的一种高效节水技术。

二、技术要点

日光温室草莓一般在 8 月底 9 月初定植，当年 11 月中旬至次年 5 月底采收。定植前需整地、施底肥（每亩施腐熟有机肥 3～5m³、腐熟饼肥 150～200kg，可根据土壤肥力情况适当施入少量复合肥）。做高畦，畦宽 40～50cm，高 20～25cm，沟宽 30～40cm，每畦栽两行草莓，株距 17～20cm。每垄铺设两条滴灌管（带），滴头朝上。滴头间距一般 10cm，15cm 或 20cm。

（一）滴灌系统组成及设备安装

滴灌系统一般由水源、首部、给水管、输配水管网组成。滴灌系统的规格和型号要根据生产实际进行设计。一般每个温室装一个小的施肥装置，压差式施肥罐或文丘里施肥器，施肥罐容积不低于 15L。施肥罐最好采用深颜色的筒体，以免紫外线照射产生藻类堵塞滴灌系统。对于草莓园区可以在首部系统安装施肥机自动灌水施肥或大的施肥罐统一施肥。

整地起垄后铺设毛管（滴灌管或滴灌带）。主、支管道和滴灌管（带）连接好后要进行试水，检查有无堵漏现象，及时修复或更换漏水或不通水的滴灌（管）带；同时调整减压阀压力，使滴灌管（带）处于正常工作压力范围内。

灌水器宜采用滴灌管，滴灌管有内镶式和单翼迷宫式，额定工作压力通常为 0.1～0.3MPa，滴灌孔流量一般为 0.6～2L/h，滴灌管壁厚 0.3～0.63 mm。有些地区如铁锰离子含量太高，容易氧化成为棕褐色沉淀堵塞滴灌管路，适宜采用廉价的一次性滴灌带，1～2 个生长季更换一次。黏质土壤应选择小流量滴头，轻质土壤可选择大流量滴头。

（二）滴灌肥料选择

施肥应根据草莓的生长特性、土壤肥力状况、气候条件及目标产量确定总施肥量、各种养分配比、基肥与追肥的比例；进一步确定基肥的种类和用量，各个时期追肥的种类和用量、追肥时间、追肥次数等。要遵循有机肥做基肥，水溶肥做追肥，少量多次的原则。

滴灌肥料要求常温下能够溶解于灌溉水，不产生沉淀，不会引起灌溉水酸碱度的剧烈变化，对滴灌系统腐蚀性较小。常用肥料有尿素、磷酸二氢钾、硝酸钾、硝酸铵、工业或食品级磷酸一铵、硝酸钙、磷酸、硝酸镁等。由于自制肥的各元素间有一定的拮抗反应，会产生沉淀而堵塞滴灌系统，建议使用滴灌专用肥。

（三）滴灌施肥方案

滴灌施肥必须坚持少量多次的原则，或者采用张力计控制灌溉，湿润深度 15～20cm。

（1）滴灌灌水方案：草莓定植后每亩及时灌水 10～25m³，缓苗期视天气情况滴灌 5～7 次，每次每亩灌水 2～3m³。缓苗后至开花期每 3～10d 浇 1 次水，每次每亩灌水 2～3m³。草莓结果后每 3～8d 滴灌 1 次，每次每亩滴灌 2～3m³，草莓拉秧前 10～15d 停止灌水。要根据天气和土壤情况调整灌水方案。灌水量的确定：由于不同的栽培介质，根系的分布深度也不同，湿润深度 15～25cm

为宜。

（2）滴灌加肥方案：一般草莓坐果之前不追肥，草莓坐果后每次每亩滴灌随水追肥 2～3kg。建议滴灌肥料养分含量 50%～60%，含有适量中微量元素，可以采用高钾型配方，如 $N：P_2O_5：K_2O$ 为 18-9-27 或 16-8-34。肥液浓度应控制在 $1m^3$ 水中加入 0.6～0.9kg 肥料（表1）。

表1　草莓滴灌施肥制度

生育时期	灌溉次数	亩灌水量（m^3）	每次每亩灌溉加入灌溉水中的纯养分量（kg）			
			N	P_2O_5	K_2O	合计
定植前	1	15.0	8.0	8.0	8.0	24.0
花芽分化期	7	6.3	0.4	0.2	0.2	0.8
越冬期	13	4.7	0.4	0.5	0.5	1.4
盛果期	8	8.1	1.3	0.6	2.1	4.0
尾果期	5	7.4	0.9	0.5	1.6	3.0
合计	34	222.9	30.9	23.2	40.7	78.5

注：适于华北地区日光温室草莓，目标亩产 2 330kg。

（四）操作要领

每次滴灌施肥前先灌清水 20～30min 后再随水追肥，每次施肥结束后继续滴清水 20～30min，以冲洗管道。滴灌施肥系统运行一段时间后，应打开过滤器下部的排污阀放污，清洗过滤网。施肥罐底部的残渣要经常清理，每 3 次滴灌施肥后，将每条滴灌管（带）末端打开进行冲洗。

（五）设施维护

每次灌溉施肥结束后将过滤器打开进行清洗，此外应定期拆出过滤器的滤盘进行清洗，保持水流畅通。滴肥液前先滴 15min 清水，肥液滴完后再滴 10～15min 清水，以延长设备使用寿命，防止肥液结晶堵塞滴灌孔。发现滴灌孔堵塞时可打开滴灌带末端的封口，用水流冲刷滴灌带内杂物，可使滴灌孔畅通。每30d清洗肥料罐1次，并依次打开各个末端堵头，使用高压水流冲洗干、支管道。

（六）配套措施

选用草莓抗病、优质、高产品种，如红颜、章姬、圣诞红、随珠等。对于栽培多年的日光温室，应在夏季休闲期采用高温闷棚等方式对土壤和有机肥进行杀菌消毒。做好红蜘蛛、蓟马、白粉病、灰霉病等绿色防控措施，及蜜蜂授粉、适宜的温湿度管理、地膜覆盖和合理的栽培管理等措施。

三、应用效果

草莓应用水肥一体化技术，较常规灌溉节水30％、节肥20％左右，提高草莓糖度1～2个百分点，增产10％～15％。

四、适用范围

适用于华北地区日光温室或大棚草莓生产。

日光温室（大棚）番茄水肥一体化技术

一、概述

番茄水肥一体化技术是指在有压水源条件下，利用施肥装置将配制好的水肥混合液肥，通过微灌系统均匀稳定适时适量地输送到番茄根部土壤的一种高效节水技术。

番茄根系发达，一般幼苗期生长较快，为避免徒长和病害发生，应适当控制水分，培育壮苗，土壤相对含水量在60%～70%，在整个结果期，水分应均衡供应，始终保持土壤相对含水量在60%～80%，如果水分过多会阻碍根系的呼吸及其他代谢活动，严重时会烂根死秧，如果土壤水分不足则果实膨大慢，产量低。还应避免土壤忽干忽湿，容易落果或裂果，也易引起脐腐病。

二、技术要点

（一）茬口安排

秋茬番茄大棚6月中旬育苗，7月上中旬定植，11月初拉秧。日光温室冬春茬番茄一般在12月初育苗，翌年2月上中旬定植，6月底拉秧。秋冬茬一般在7月底8月初育苗，8月底9月初定植，翌年1月拉秧。

每亩底施腐熟有机肥3～5m³、复合肥（总养分40%～50%）50～75kg，深翻土壤，整平后按大小行做小高畦，畦宽40～60cm，高15cm，沟宽70～80cm，平均行距60～70cm。每个高畦上铺滴灌管（如盖地膜，建议用黑膜），定植两行，株距35cm。

（二）灌溉施肥系统

建议每垄铺设两条滴灌带（管），滴头朝上，滴头间距一般30cm。如果用旧滴灌管（带）一定要检查其漏水和堵塞情况。施肥装置一般为压差式施肥罐或文丘里施肥器，施肥罐容积不低于15L（施肥罐最好采用深颜色的筒体，以免紫外线照射产生藻类堵塞滴灌系统）。

（三）滴灌肥料选择

肥料要求：常温下能够溶解于灌溉水；与其他肥料混合不产生沉淀；不会引起灌溉水酸碱度的剧烈变化；对滴灌系统腐蚀性较小。

常用肥料：一般分为自制肥和专用肥。自制肥是指选用溶解性好的单质肥料或复合肥料临时配制的滴灌肥，原料一般选用尿素、磷酸二氢钾、硝酸钾、硝酸铵、工业或食品级磷酸一铵、硝酸钙、磷酸、硝酸镁、螯合态微量元素等。由于自制肥的各元素（尤其是微量元素）间有一定的拮抗反应，会产生沉淀而堵塞滴灌系统，建议使用滴灌专用肥。液体肥适用滴灌施肥。

（四）滴灌施肥制度

秋季随着气温的降低和蒸发量的减少，逐步延长灌溉间隔时间，要相应减少施肥量。春茬定植时每亩灌水 $3\sim5m^3$，秋茬定植时每亩灌水 $20\sim25m^3$。缓苗后开始滴灌施肥，$5\sim7d$滴灌1次，每次每亩灌水 $5\sim7m^3$，每亩施用滴灌专用肥（20-20-20）3kg，一穗果膨大后每隔 $7\sim8d$滴灌1次，每次每亩灌水 $5\sim8m^3$，每次每亩追施滴灌专用肥（19-8-27）$3\sim5kg$。秋季随着气温的降低和蒸发量的减少，逐步延长灌溉间隔时间，并相应减少施肥量（表1）。

表 1 番茄滴灌施肥制度

茬口	生育时期	灌溉次数	亩灌水量（m³）	每次施入纯养分量（kg/hm²），定植前为基施			
				N	P₂O₅	K₂O	N+P₂O₅+K₂O
冬春茬	定植前	1	15.3	15.0	10.0	15.0	40.0
	苗期	3	5.3	0.7	0.2	0.9	1.8
	结果初期	3	12.7	2.0	0.7	3.7	6.4
	结果中期	7	8.0	1.1	0.4	1.7	3.2
	结果后期	6	6.7	0.9	0.3	1.4	2.6
	全生育期	20	165.3	35.9	17.4	49.3	102.6
秋冬茬	定植前	1	15.3	12.0	8.0	12.0	32.0
	苗期	4	5.3	0.4	0.1	0.7	1.2
	结果初期	4	8.7	1.4	0.5	2.3	4.2
	结果中期	4	6.7	1.6	0.5	2.6	4.7
	结果后期	2	6.0	1.8	0.6	2.6	5.0
	全生育期	15	110.0	29.2	14.0	39.3	82.5

注：冬春茬目标亩产 10 000kg，秋冬茬目标亩产 8 000kg。

（五）操作要点

1. **肥料溶解** 按照滴灌施肥的要求，先将肥料溶解于水，然后将过滤后的肥液倒入施肥罐中（采用压差式施肥法时），或倒入敞开的塑料桶中（采用文丘里施肥法时）。

2. **施肥操作** 滴灌加肥一般在灌水 20～30min 后进行。

压差式施肥法：施肥罐与主管上的调压阀并联，施肥罐的进水管要达罐底。施肥时拧紧罐盖，打开罐的进水阀，罐注满水后再打开罐的出水阀，调节压差以保持施肥速度正常。

文丘里施肥法：文丘里施肥器与主管上的阀门并联，将事先溶解好的肥液倒入一敞开的容器中，将文丘里器的吸头放入肥液中，吸头应有过滤网，吸头不要放在容器的底部。打开吸管上阀门并调节主管上的阀门，使吸管能够均匀稳定地吸取肥液。

系统维护：每次施肥结束后继续滴灌 20～30min，以冲洗管道。滴灌施肥系统运行一个生长季后，应打开过滤器下部的排污阀放污，清洗过滤网。施肥罐底部的残渣要经常清理，每 3 次滴灌施肥后，将每条滴灌管（带）末端打开进行冲洗。

（六）配套技术

对于栽培多年的日光温室，应在夏季休闲期采用高温闷棚等方式对土壤和有机肥进行杀菌消毒。做好早疫病、晚疫病、斑潜蝇、白粉虱、棉铃虫、蓟马等病虫害的防治工作，及震荡授粉或熊蜂授粉、适宜的温湿度管理、地膜覆盖和合理的整枝打岔等栽培管理措施。

三、应用效果

采用滴灌施肥技术，比常规沟灌施肥节水 30％左右、节肥 30％、增产 15％。

四、适用范围

适用于华北地区日光温室或大棚番茄生产。

旱地小辣椒垄膜覆盖节水技术

一、概述

旱地小辣椒垄膜覆盖节水技术由选用耐旱品种、科学施肥、深耕起垄、辣椒育苗、适期播种、苗床管理、覆盖移栽、节水灌溉、病虫害防治、成熟采收等技术集合而成，技术模式成熟，适合雨养区应用，可显著提高自然降水利用效率，亦可实现农业增产增收，促进区域经济发展。

二、技术要点

（一）选用耐旱品种

旱地小辣椒垄膜覆盖节水技术种植制度为一年一熟，可选用天鹰椒、奇星椒等品种，该类品种晚熟、耐热、耐旱、耐瘠、抗病性强、节水潜力大。

（二）科学施肥

采取合理施用氮磷钾、增施有机肥、配施微量元素施肥原则，氮（N）、磷（P_2O_5）、钾（K_2O）比例为 2.5：1.5：2。整地前撒施农家肥、饼肥、磷肥和复混肥（70%），钾肥在起垄前开沟条施，沟深 10～15cm 左右。辣椒苗移栽时将剩余的复混肥（30%）施入窝穴内，移栽 30d 后，追施剩余的钾肥。辣椒生长前期，叶面喷施 0.2%～0.3%的尿素加 0.1%～0.02%的磷酸二氢钾，防止叶片黄化老化；辣椒生长后期叶面喷施 0.1%～0.02%的磷酸二氢钾，促进落黄着色和提高品质。

（三）深耕起垄

早春待地表解冻后，即可实施土壤深耕深松，耕层加深到23～28cm，耕后适当耙耱，随即施肥起垄。起垄前要精细整地，达到地平土碎，一般垄宽 65～70cm，垄高 10～15cm。深耕利于土壤蓄水保墒，起垄利于提高地温、改善辣椒生长条件。

（四）辣椒育苗

1. **沤制育苗肥** 6 月底至 7 月初将圈肥或厩肥与麦秸麦糠杂草等按一定比例（7：3）混拌均匀，密封沤制 1～2 个月，8 月中旬扒开翻搅，加入粪水调剂湿度，再次泥封堆沤，使用前扒开捣碎、过筛备用。饼肥于初冬进行发酵，腐熟后捣碎过筛备用。

2. **配制营养土** 每畦用沤制好、过筛后的育苗肥 150～200kg、发酵饼肥 3～5kg、发酵鸡粪 2～3kg、粉碎过的复合肥 1～2kg，与洁净熟表土充分搅拌混匀，制成营养土备用。

3. **制营养钵** 用纸袋或塑料袋装满营养土，直径 6～8cm、高度 8～10cm，装土平面一致，播前 2～3d 浇透水，洇足洇透营养土，钵间用沙土填实。

（五）适期播种

辣椒播期一般在 3 月初，每钵播种 2～3 粒，每畦用熏蒸过的盖种土 15kg 左右均匀撒在表面，厚度不超过 0.2cm，然后用竹篾或树枝搭成圆拱形棚架，盖好压好塑料薄膜。

（六）苗床管理

出苗期控制膜内温度在 15～28℃，当辣椒苗长到 2～3 片真叶时及时间苗定苗，6 片叶后要逐渐提高辣椒苗素质，增强抗逆能力。当辣椒长到 7～8 片叶时（苗高 10～15cm）要降低苗床水分，一般不再浇水，以抑制茎叶生长，培育壮苗。

（七）覆膜移栽

辣椒苗移栽期为 4 月下旬至 5 月中旬，移栽过早，辣椒苗容易早发旺长，过晚则影响产量。栽培采用宽窄行种植，宽行 80cm，窄行 20cm，穴距 20cm，每亩栽植 6 667 穴，每穴栽双株，采用宽度 80cm 的地膜，膜覆盖垄宽 65～70cm，每米为一带，每带栽植辣椒苗 2 行。

（八）节水灌溉

利用集雨窖蓄集雨水，保证辣椒苗正常生长。一是辣椒苗移栽前挖穴，每亩 6 667 穴，每穴灌水 1kg，灌后及时移栽辣椒苗。二是根据天气状况、土壤墒情和辣椒苗生长情况，适时打洞增灌，重点浇好旺长水。此期气温较高，辣椒苗生长迅速，需水量大。

（九）病虫害防治

①用 25％甲霜灵 800～1 000 倍液防治猝倒病、400～500 倍液防治黑胫病。

②用 70％甲基硫菌灵可湿性粉剂 2 000 倍液防治立枯病。

③辣椒分枝、打顶后 5～7d，用康润＋健植保＋青枯灵防治辣椒疫病、枯黄、病毒病、蚜虫等。

④辣椒后期喷施椒丰十万帅一号，防止落花、落果，加毒丝本可兼治辣椒钻心虫。

（十）成熟采收

辣椒成熟后要及时采收，成熟标准为辣椒完全变红、色深、叶片下卷。一般情况下，可采取整块地一次性采收（即连株采收，运回后再采摘），既减小劳动强度，又便于管理。

三、应用效果

与常规种植技术相比，垄膜覆盖节水技术种植的小辣椒品质好、卖相佳，价格优势明显，市场竞争力强。亩增产 25％～30％，亩节水 40m³ 以上。

四、适用范围

适用于华北水资源紧缺、地势起伏较大、易发生水土流失的干旱半干旱地区。

旱地烟叶垄膜覆盖集雨保墒技术

一、概述

旱地烟叶垄膜覆盖集雨保墒技术综合集成选用耐旱品种、平衡施肥、深耕深松、整地起垄、烟叶育苗、适期播种、苗床管理、垄膜移栽、秸秆覆盖、病虫害防治、及时采收等技术，提高自然降水利用效率，实现节水增产、提质增效，促进旱区种植结构调整和农民增收。

二、技术要点

(一) 选用耐旱品种

烟叶品种选择根系发达、抗旱抗逆性强的"红大"、"NC89"中烟101、云烟202等，该类品种耐旱、耐瘠、抗病性强、节水潜力大、内在品质较好。

(二) 平衡施肥

采取有机肥与无机肥、大量元素与微量元素相结合的平衡施肥原则，每亩施用农家肥 2～4m³、饼肥 20～30kg、烟草专用肥（10：10：8）15～20kg、重钙磷肥 20～25kg 和硫酸钾 10～15kg。采用平衡施肥技术的烟田由于营养配方、搭配合理，因此可以明显提高植株抗逆能力，烟叶熟相好、品质优。

(三) 深耕深松

播种前采用深耕深松机进行整地，加深耕层，耕层由原来的

10～15cm 加深到 23～28cm，然后适当耙糖，利于起垄播种。深耕深松后的土壤蓄水能力明显增强，无效蒸发少，易于保墒，土壤含水量平均提高 1%～3%。

（四）整地起垄

入冬深耕后随即进行施肥、起垄，起垄前要精细整地，达到地平土碎，垄底宽 80～90cm，垄顶宽 70cm，垄高 15～20cm。起垄可以改善烟株营养条件，提高地温，便于排水。

（五）烟叶育苗

1. **沤制育苗肥**　头年伏天将 70% 圈肥或厩肥与 30% 的麦秸麦糠搅拌均匀、密封沤制，入秋后扒开粪堆，翻搅两遍，加入粪水调节湿度，再次泥封堆沤，使用前扒开捣碎，过筛备用。饼肥初冬发酵，然后捣碎过筛备用。

2. **苗床土配制**　每畦需施用沤制好并且过筛后的育苗肥 150～200kg、发酵饼肥 3kg、发酵熟鸡粪 2～2.5kg、粉碎过的复合肥 1～1.5kg，与肥沃洁净的熟表土充分拌匀，制成营养土。

3. **制营养钵**　用纸袋或塑料袋均可，直径 6～8cm，高 8～10cm，装满营养土，装土平面要一致，播前 2～3d 浇透水，洇足洇透营养土，钵间用沙土填实。

（六）适期播种

烟叶播期一般为 2 月底至 3 月初。每钵播种 2～3 粒，一般标准畦田用包衣种 100g 左右，每畦用熏蒸过的盖种土 15kg 左右均匀撒在表面，厚度不超过 0.2cm，然后用竹篾或树枝搭成圆拱形棚架，盖好、压好塑料薄膜。

（七）苗床管理

出苗期要控制好温度，膜内温度以 25～28℃为宜。当烟苗长到 2～3 片真叶时及时间苗、定苗，6 片真叶后要提高烟苗素质，增强抗逆能力。主要措施是加强炼苗，白天揭膜，晚上覆盖，以后逐渐做到昼夜揭膜。7～8 片真叶时要降低苗床水分，一般不再浇水，以抑制茎叶生长，断水程度一般在晴天中午烟苗出现萎蔫而早晨能恢复正常为宜。

（八）垄膜移栽

4 月下旬至 5 月初是移栽的最佳时期，移栽过早，烟株易早花。烟叶行距 1.1～1.2m，株距 55～60cm，每亩密度 1 200～1 300株，地膜采用 80cm 覆膜，烟田起垄宽 70cm，高 15～20cm，烟叶单行定植，垄间距 40～50cm。

（九）秸秆覆盖

6 月中旬烟叶移栽后，收集麦秸麦糠、玉米秸秆或杂草等，在烟田行间顺垄覆于垄沟内，踩实，覆盖厚度 3～5cm，亩覆盖量 1 000～1 600kg。减少烟田水分蒸发，避免水土顺垄流失，改善土壤理化性质，提高保水保肥能力，抑制杂草生长，提高烟叶品质。

（十）病虫害防治

1. 苗床期 ①烟苗 5～6 片叶时，用 1∶150～200 倍的玻尔多液喷洒苗床；②喷施 25％的甲霜灵 800～1 000 倍液防治猝倒病；③喷施 70％的甲基硫菌灵可湿性粉剂 1 000～2 000 倍液防治立枯病；④喷施 25％的甲霜灵 400～500 倍液防治黑胫病。

2. 大田期 ①生根期用毒消或菌克毒 250 倍液，一遍净 100 倍液或万灵 1 500 倍液，每 7～10d 喷施 1 次，防治花叶病；②烟叶打顶后采用金叶舒 600 倍液叶面喷施，每 10d 1 次，连续 3～5 次，防治赤星病、野火病、角斑病。

（十一）及时采收

叶片成熟时应及时采收，成熟的一般标准为：烟叶颜色由绿色转为黄绿色，叶脉变白发亮，叶片下垂，叶片下卷，茎叶角度增大；中上部烟叶出现成熟斑、茸毛脱落；采摘时声音清脆，断面整齐，不带茎皮。烟叶采收宜在早上 10 点前或下午 4 点后进行，有利于识别和把握烟叶成熟度。

三、应用效果

与常规种植技术相比，垄膜覆盖集雨保墒技术种植的烟叶缓苗快，叶片开片早，圆顶早，抗病性强，烟筋粗，油分高，株高平均增加 5cm，多长 2~3 片叶，品质提高 1 个等级以上。亩增产 20％以上，亩节水 $40\sim50m^3$。

四、适用范围

适用于华北水资源紧缺、年降雨量少、山地丘陵岗地多的干旱半干旱地区。

图书在版编目（CIP）数据

旱作节水农业技术模式汇编/全国农业技术推广服
务中心编著．—北京：中国农业出版社，2020.6
ISBN 978-7-109-26939-2

Ⅰ．①旱…　Ⅱ．①全…　Ⅲ．①旱作农业－节约用水－
农业技术－汇编　Ⅳ．①S343.1

中国版本图书馆 CIP 数据核字（2020）第 099197 号

中国农业出版社出版

地址：北京市朝阳区麦子店街 18 号楼
邮编：100125
责任编辑：贺志清
版式设计：王　晨　　责任校对：吴丽婷
印刷：中农印务有限公司
版次：2020 年 6 月第 1 版
印次：2020 年 6 月北京第 1 次印刷
发行：新华书店北京发行所
开本：880mm×1230mm　1/32
印张：7.5
字数：200 千字
定价：45.00 元
